AI图像处理

马震春
编著

Photoshop+
Firefly
后期处理技术
基础与实战

人 民 邮 电 出 版 社

北 京

图书在版编目（ＣＩＰ）数据

AI图像处理：Photoshop+Firefly后期处理技术基础
与实战 / 马震春编著. -- 北京：人民邮电出版社，
2024.6
ISBN 978-7-115-64206-6

Ⅰ．①A⋯ Ⅱ．①马⋯ Ⅲ．①图像处理软件 Ⅳ．
①TP391.413

中国国家版本馆CIP数据核字(2024)第077659号

内 容 提 要

  Firefly是2023年Adobe推出的一款创意生成式AI工具，如今这项创意工具已经集成在Photoshop这款软件当中，正式入局AIGC战场。本书主要讲解了Photoshop中的创成式填充功能和移除修复工具，以及"文本生成图像"技术在图像处理和设计中的具体应用。通过阅读本书，读者可以掌握利用AI进行图像后期处理的方法和技巧。

  本书语言通俗易懂，配以大量的图示，不仅适合Photoshop新手阅读，也适合Photoshop相关培训班学员及广大爱好者作为学习参考用书。

◆ 编　著　马震春
  责任编辑　王　铁
  责任印制　周昇亮

◆ 人民邮电出版社出版发行　　北京市丰台区成寿寺路 11 号
  邮编　100164　电子邮件　315@ptpress.com.cn
  网址　https://www.ptpress.com.cn
  北京九天鸿程印刷有限责任公司印刷

◆ 开本：700×1000　1/16
  印张：11.25　　　　　　　　　2024 年 6 月第 1 版
  字数：405 千字　　　　　　　　2024 年 6 月北京第 1 次印刷

定价：79.80 元
读者服务热线：(010)81055296　印装质量热线：(010)81055316
反盗版热线：(010)81055315
广告经营许可证：京东市监广登字 20170147 号

目 录

第1章

Adobe 的 AI 产品——Adobe Firefly

2023 年初，Adobe 公司推出了自己的 AI 平台——Adobe Firefly，它是用于表达创意、展示想法的生成式 AI 模型平台。Firefly 不同于目前较为流行的 Midjourney、Stable Diffusion、Leonardo.AI 等 AI 产品，它是 AI 引擎，服务于 Adobe 家族产品，如大家熟知的 Photoshop、Illustrator、Premiere 等产品，以及文档云（Document Cloud）、数字体验云（Experience Cloud）和在线版本的 Adobe Express。Firefly 不仅是独立的在线 AI 工具，还被嵌入 Adobe 旗下各应用程序中，与它们强大的功能结合起来，可将用户的创意更加高效且不受技术限制地表达出来。Adobe 创造了一个新的世界，一个可以将最好的创意工作流程（或文档流程等）与生成式 AI 引擎（即 Firefly）相结合的世界。在这个世界里，像 Photoshop 这样的软件，就如同汽车有了辅助驾驶功能，能帮助你按照自己的思路来快速完成烦琐、重复的操作。

如果你一直是 Adobe 家族产品的用户，一定已经体会到了这一点。比如 Photoshop 的对象选择工具等，就是 Adobe 发布的人工智能驱动工具。而且，不仅在 Photoshop 中，在 Premiere、After Effects 等软件中也推出了类似的人工智能工具，极大地提升了工作效率，也可以让使用者创造出更多专业的效果。

目前 Firefly 模型侧重于创建图像和文字效果，主要服务于商业用户。商业用户往往具有明确的目的，对最终作品也有严格的要求，不能“撞大运”，而要真刀真枪、实实在在地把结果做好。因此，当 Firefly 嵌入 Photoshop 中时，就引起了业内人士的欢呼。AI 提供了更广阔、更自由的世界，而 Photoshop 则可以控制效果的精准性，两者相结合十分惊艳，未来的发展也值得期待。

Adobe Firefly 可以在网页上直接使用，被认为是一个单独的在线服务平台。下面介绍 Firefly 的界面。

Firefly 已经上线简体中文界面，提示词支持包括简体中文在内的 100 多种语言。打开 Creative Cloud，单击左侧的“Adobe Firefly”选项，即可进入 Firefly 简体中文界面，如图 1-1 所示。

在默认的“主页”选项卡下，可以看到 Firefly 所包含的板块，分别是“文字生成图像”板块、“创意填充”板块、“文字效果”板块、“创意重新着色”板块、“草图生成图像”板块、“创建 3D 并生成图像”板块。前 4 个板块是已经开放使用的，后两个板块是仍处于开发状态中的。

注：Adobe 网站会不定期更新调整，具体细节以 Adobe 官网为准。由于 Firefly 和文本生成图像功能均属于实时更新的技术，相关界面会有略微不同。

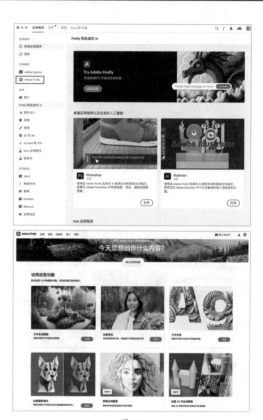

图 1-1

下面将分别介绍 4 个已发布的板块。“文字生成图像”板块和“创意填充”板块已经嵌入 Photoshop 中，不过两者在使用上并不完全相同。Firefly 可以单独使用，在网站上完成类似去背景换底、文字生成图像的工作，但是若要进一步精修图片，就需要将图片导入 Photoshop 中。

1-1 "文字生成图像" 板块

进入 Adobe Firefly 首页。

在“主页”选项卡中找到“文字生成图像”板块，单击“生成”按钮，如图 1-2 所示，进入“文字生成图像”界面。

进入界面后，可以浏览图像样本，当鼠标指针停留在某张图像上时，图像上部会显示生成该图像所使用的提示词，右下角则会有“查看样本”按钮。我们也可以直接在界面下部输入提示词，通过文字生成图像。注意，输入文字可使用英文、简体中文等，如图 1-3 所示。

这里使用一张冬季日落时的森林图像，提示词为“日落时分有河流的冬季森林”，单击该图像右下角的“查看样本"按钮，如图1-4所示，进入"文字生成图像"编辑界面，我们可以借用该图像的提示词和画面风格进行再次创作。

图 1-2

图 1-3

图 1-4

进入"文字生成图像"编辑界面后，界面左侧显示的4张图为Firefly生成的AI图像预览图。界面下部为提示词编辑区域，输入完成后，单击"刷新"按钮，可根据修改重新生成图像，如图1-5所示。

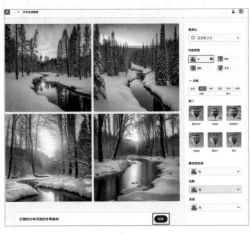

图 1-5

界面右侧是6个不同的模块，分别为宽高比、内容类型、风格、颜色和色调、光照、合成，如图1-6所示。通过这些参数设置可以组合生成出不同拍摄角度、光照效果、色调、艺术风格的图像。

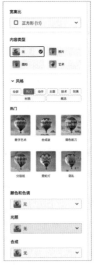

图 1-6

1-1-1 设置不同参数组合的图片效果

在界面右侧更改"宽高比"为"宽屏（16：9）"。在界面下部的输入框内修改提示词为"日落时分有河流的冬季中式公园"，单击"生成"按钮，得到图1-7所示的结果。生成后，输入框右侧的"生成"按钮会自动切换为"刷新"按钮。

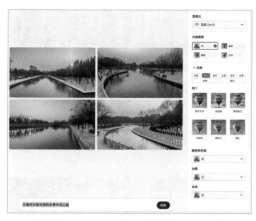

图1-7

提示技巧

　　Firefly 的"文字生成图像"板块是依据下部提示词＋右侧模块来共同控制画面内容的，它对画面最终效果的控制非常严谨和准确。

　　以下是右侧模块中不同参数组合后所呈现的图片效果。

　　将"内容类型"更改为"图形"模式，单击"生成"按钮再次生成，生成效果如图1-8所示。生成后界面下部的"生成"按钮会切换为"刷新"按钮。

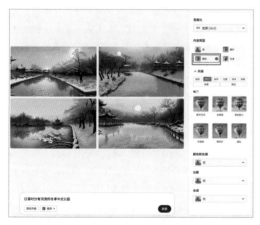

图1-8

　　将"内容类型"更改为"艺术"模式，生成效果如图1-9所示。

　　如果对当前4张图像的内容都不满意，可以单击"刷新"按钮再次生成新的图像。

　　注：即使是同样的提示词，每次单击"生成"按钮或"刷新"按钮，得到的内容也会各不相同。

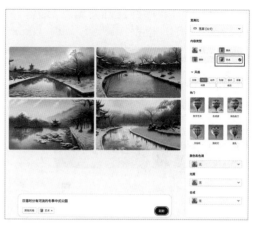

图1-9

　　照片＋鲜艳颜色的设置效果如图1-10所示。

图1-10

　　照片＋鲜艳颜色＋油画的设置效果如图1-11所示。

图1-11

　　照片＋水彩＋黑白的设置效果如图1-12所示。

　　照片＋鲜艳颜色＋戏剧灯光＋广角＋分层纸的设置效果如图1-13所示。

在"合成"下拉列表中调整拍摄角度，如设置"俯拍"，可以生成类似俯瞰图的画面效果，如图1-14所示。

图1-12

图1-13

图1-14

1-1-2 创建特殊效果

不同的参数组合适合表现不同的画面内容。例如要生成一张建筑效果图，可输入提示词"屋顶阳光房的室内设计图，带有沙发和放在架子上的多肉植物"。在右侧模块中设置：艺术+演播室灯光+仰拍+线条画+铅笔画+黑白，生成手绘线稿的画面效果，如图1-15所示。

我们还可以尝试不同的参数组合，在原有提示词的基础上增加：丙烯画+黏土，将"颜色和色调"更改为"淡雅颜色"，将"内容类型"设置为"照片"，如图1-16所示。

图1-15

图1-16

技巧提示

右侧模块参数的组合要讲究一些技巧。像上面的例子，如果要得到油画效果，可以"照片"为基础加上"鲜艳颜色"，最后再添加"油画"，这样组合起来的画面效果才会更逼真。Firefly已经非常人性化地把各模块按顺序排列好了，我们只需要从上往下逐步设置即可。先确定整个图像的基调是"照片"还是"艺术"，然后进一步确定是什么风格，最后把图片的"颜色和色调""光照""合成"设置好，自己的创意就能在该界面中很好地展现出来了。

1-1-3 下载AI生成的图片

得到自己想要的效果后，将鼠标指针停留在该图像上，图像右上角会显示"下载"按钮，单击即可下载该图片，如图1-17所示。我们也可以单击放大图片进行仔

图1-17

细检查，毕竟AI生成的图片也许会有些"意外"的错误产生。

1-1-4 用作参考图像

在"文字生成图像"编辑界面中，在下部输入中文提示词"80年代的跑车"，将"内容类型"设置为"艺术"，然后单击"生成"按钮，生成20世纪80年代的跑车，效果如图1-18所示。

图1-18

选择左上方第一个车身侧面加车头的图像，单击该图像左上角的"修改"按钮，在弹出的下拉菜单中选择"用作参考图像"选项，如图1-19所示。使用该图像作为参考图像，继续完善画面。

图1-19

在下方的提示词的左侧，将刚才的图像加入参考图像，Firefly将自动刷新并生成新的4个图像，此时4个图像都是以参考图像的内容为基础而生成的，都是车身侧面加车头，如图1-20所示。

在"参考图像"界面中，向右拖动滑块，让滑块更加偏向右侧的"提示"，使继续生成的图像受提示词的影响更多，如图1-21所示。

继续添加更多的提示词，修改提示词为"80年代的跑车，黄色加黑色线条，像大黄蜂"，如图1-22所示。

生成的效果如图1-23所示。

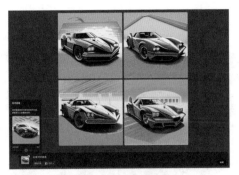

图1-20

图1-21

图1-22

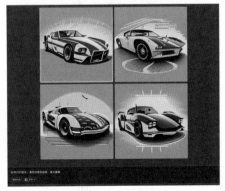

图1-23

更改图片比例为 16:9,生成新的图像。可选择新的图像作为参考图像,如图 1-24 所示。

图 1-24

修改提示词为"矢量插画:80 年代的跑车,蓝色车身,黑色线条,在高速公路上奔驰。",然后更改风格为"艺术+戏剧灯光+线条画+水彩+分层纸",单击"刷新"按钮生成新的图像,如图 1-25 所示。

图 1-25

单击放大图像以查看细节,在图像右上方单击"下载"按钮,下载并保存图像。AI 生成的内容多少会有些瑕疵,大家可将之导入 Photoshop 中进行精细修复,如图 1-26 所示。

图 1-26

1-2 "创意填充"板块

接下来进入"创意填充"板块,介绍一下 AI 填充

和移除的强大之处。

返回到 Firefly 的首页(此处操作跟所有网页页面操作相同),在"创意填充"板块上单击"生成"按钮,如图 1-27 所示,进入"创意填充"界面。

图 1-27

在 Adobe 的官方案例里,可以看到通过创意填充,能够实现换背景、换衣服的操作,还能添加我们想要的元素,效果如图 1-28 和图 1-29 所示。

图 1-28

图 1-29

在界面上部可以看到 Adobe 给出的使用提示"使用画笔移除对象,或者绘制新对象"。单击"上传图像"按钮,如图 1-30 所示,上传"第 1 章\1-3 素材 .jpeg"这张照片。

图1-30

进入"创意填充"编辑界面，首先要留意的是左侧面板中的3个选项：插入——插入新元素；删除——移除某个区域的画面，不仅仅是单纯地移除，Firefly还会根据画面补充丢失的元素；平移——手形工具，用于调整视图、移动画面，属于辅助工具，按住空格键可快速启用该工具。如图1-31所示。

图1-31

大家要注意根据使用目的的不同，在左侧的"插入"和"删除"模式之间灵活切换。在"插入"模式下，如果不输入任何提示词，Firefly会进行类似移除的填充，效果如图1-32所示。

图1-32

移除背包

选择"删除"模式，进入"删除"编辑界面，默认选中添加工具，按【和】键调整画笔大小，涂抹人物右

侧的背包，注意要将背包和背包的投影都涂抹到。不要忘记涂抹大腿上的背带和背带投影，如图1-33所示。如果需要减去涂抹区域，按住Alt键涂抹即可。

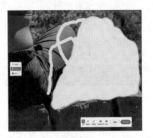

图1-33

尽量一次做到完整涂抹，这样可以快速得到我们想要的效果。涂抹完成后，单击界面下方的"删除"按钮，移除背包。生成的效果如图1-34所示。

图1-34

精修画面

如果涂抹区域有遗漏，未选择部分投影，如图1-35所示。

图1-35

执行删除操作时，Firefly会计算出需要添加新的东西，如图1-36~图1-38所示。

图 1-36

图 1-37

图 1-38

此种情况下，大家可以选择相对较好的画面，单击"保留"按钮。

继续在"删除"编辑界面下，使用画笔涂抹多余的内容，可多次使用画笔移除瑕疵来完成精修画面的工作，如图 1-39 所示。

图 1-39

修复结果如图 1-40 所示。

图 1-40

这样操作显然比较麻烦，违背了使用 AI 加速工作流程的本意。因此，尽量将整个物体（包括其投影）进行完整涂抹，确保一次性移除。当然也可以导入 Photoshop 中，借助更多的修复工具快速修补。

利用提示词在涂抹区域生成大狗

如果移除的效果达到要求，单击"保留"按钮，保留移除效果。然后在左侧选择"插入"模式，如图 1-41 所示，进入"插入"编辑界面。

图 1-41

相比"删除"编辑界面，"插入"编辑界面下部多了提示词输入框。按【和】键调整画笔大小，在右侧石头上涂抹一个区域，计划在此区域放置一条坐着的大型犬，陪伴主人。注意涂抹的区域要与大型犬的外形类似，如图 1-42 所示。在提示词输入框中输入"Big dog"，然后单击"生成"按钮。在 Firefly 中，应尽量输入简单的名词。如不确定拼写是否正确，可打开翻译软件进行翻译。笔者建议在输入提示词时使用英文，这样的生成效果会更准确和稳定。

图 1-42

一条大型犬坐在了石头上，可惜尾巴缺少一截，如图 1-43 所示。需要重新调整涂抹的区域，单击"取消"按钮，返回"插入"编辑界面。

图 1-43

返回"插入"编辑界面后，在涂抹过的透明区域右下方再次涂抹以增加尾巴形状，在提示词输入框中输入"Tibetan mastiff"，如图1-44所示，单击"生成"按钮，生成图像。

图 1-44

根据涂抹的区域，Firefly生成了具有完整尾巴的大型犬，如图1-45所示。

图 1-45

如果保持一样的涂抹区域，输入不同的提示词"Golden retriever"（金毛犬），就可生成大型的金毛犬，如图1-46所示。

要想得到趴着的狗，可涂抹出类似狗趴着的形状。然后输入提示词"Golden retriever"，如图1-47所示，单击"生成"按钮。

生成了一条趴着的金毛犬，如图1-48所示。

图 1-46

图 1-47

图 1-48

如果狗的毛发与背景融合得不是很完美，可在涂抹时单击"设置"按钮，调整画笔硬度到0%，如图1-49所示，然后再进行生成。

图 1-49

更换人物衣服

接下来更换女孩的衣服。首先在左侧选择"插入"模式，确保在"插入"编辑界面下，然后涂抹女孩的部分手臂和上衣区域，注意头发只需要在边缘涂抹一小部分即可。输入提示词"outdoor T-shirt"（户外T恤），如图1-50所示。

图1-50

女孩身上快速生成了户外T恤，效果如图1-51所示。

图1-51

技巧提示

选区的重要性：通过上面的案例可以发现在Firefly里涂抹区域很重要，它会影响到创建的对象的姿态，其原理就像是给出一条线索并指引AI按照使用者的思维进行操作。在Photoshop里，这条线索就是选区。Photoshop有非常强大的创建选区的工具，可以更加快速、准确地制作选区。在后面的学习中，读者可以体会到Photoshop+AI的强大、准确和快速。

1-3 "文字效果"板块

返回到Firefly首页，在"文字效果"板块上单击"生

成"按钮，如图1-52所示，进入"文字效果"界面，根据文字提示生成文字风格或纹理。

图1-52

在"文字效果"界面上，可以直接在下部的提示词输入框内分别输入想要输出的文字及提示词。也可以使用Firefly提供的文字效果样本来生成你想要的效果，如图1-53所示。

图1-53

鼠标指针在任意图像样本上悬停，该图像会变暗，同时左上角会显示该样本的提示词，右下方有"查看样本"按钮。可以看到几乎所有的提示词都很简单明了，非常适合设计使用，效果如图1-54和图1-55所示。

图1-54

图 1-55

单击"查看样本"按钮或直接在下部提示词输入框中输入文字和提示词，进入"文字效果"编辑界面。该界面非常直观，在下部输入文字"AEC"，提示词"house"，单击"生成"按钮，就会生成由房屋元素组成的文字效果。整个过程非常快速，效果如图 1-56 所示。

图 1-56

修改文字为"Ship"，提示词为"Sci-Fi"，更换文字效果为科幻题材。在提示词上方的 4 个预览框中单击，如图 1-57 所示，可切换不同的效果，选择适合自己的。

图 1-57

修改文字为"CHIP"，提示词为"chainlink"，单击"生成"按钮以生成文字效果。在右侧的"颜色"模块下，更换背景色为橙色或透明，查看对比效果，如图 1-58 和

图 1-59 所示。

图 1-58

图 1-59

技巧提示

绝大多数情况下，制作的文字效果需要使用透明的背景，以便在 Photoshop、Word、Pages 文稿等软件中使用。

修改提示词为"electronic"，单击"生成"按钮。在右侧中间区域的"匹配形状"模块下切换 3 种文字边缘状态，分别为紧致、中等、松散，可以看到"紧致"的文字边缘最干净，"松散"会延伸出大量的文字边缘细节，"中等"效果居于两者中间。大家可根据自己的需要来设置不同的效果。图 1-60 所示为紧致状态，图 1-61 所示为中等状态，图 1-62 所示为松散状态。

图 1-60

图 1-61

图 1-62

在右侧最上方区域浏览"示例提示"模块下的文字样式，单击"查看所有"按钮，展开所有的样本示例，效果如图 1-63 所示。

图 1-63

Firefly 为使用者提供了三大样本，分别是自然、材质与纹理、食品饮料。

选择"材质与纹理\电线"，提示词自动修改为"一束五颜六色的电线"，创建新的文字效果。在提示词上方的 4 个预览框中可以选择不同的效果。如没有满意的效果，可单击"生成"按钮继续生成新的文字效果，如图 1-64 所示。

得到满意的效果后，将鼠标指针移至文字效果处并悬停，右上方会显示"下载"按钮，单击可下载该图片，如图 1-65 所示。

注意在"颜色"模块处使用透明背景后再开始下载。

图 1-64

图 1-65

1-4 "创意重新着色"板块

"创意重新着色"板块通过文字描述对 SVG（Scalable Vector Graphics，可缩放矢量图形）文件进行重新着色，如图 1-66 所示。该板块功能针对的是矢量艺术插画师创造的 SVG 文件。Photoshop 用户也可以将矢量图层导出为 SVG 文件。不过此功能更多针对矢量插画师和 Illustrator 用户，在此不进行详细讲解。

图 1-66

上传 SVG 文件，如图 1-67 所示。

该板块的使用方法与"创意填充"板块相似，可以对复杂的矢量形状进行 AI 着色，如图 1-68 所示。

图 1-67

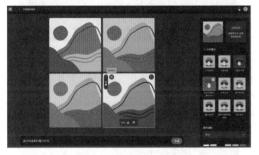

图 1-68

1-5 Photoshop+Firefly 的使用组合

让我们转换下思路，将 Firefly 当作素材平台和抠像去背景平台，实际工作中可以由不会使用 Photoshop 或未安装 Photoshop 的同事在 Firefly 上完成输出素材或抠像工作，然后由专业设计师同事来完成最后的合成工作。例如在实际工作中，常会遇到大量重复的"简单"设计工作，比如要给整个企业的员工制作员工工牌，其中，版面和人像调色交由专业设计师完成，大量的抠像工作交由其他非专业同事在 Firefly 上完成。

使用"创意填充"去背景

在 Firefly 首页的"创意填充"板块上单击"生成"按钮，进入"创意填充"界面，单击"上传图像"按钮，再次加载"第 1 章 \1-3 素材 .jpeg"。进入"创意填充"编辑界面，在"插入"编辑界面下，单击"背景"按钮，Firefly 自动完成了去除背景工作，如图 1-69 所示。单击右上角的"下载"按钮可以输出去除背景的图片。

利用 Firefly 生成背景素材。单击"反转"按钮，反转当前画面，保留背景，涂抹人物及背包区域。不输入任何提示词，单击"生成"按钮，如图 1-70 所示。Firefly 将根据周边内容填充人物及背包区域，生成背景图片，效果如图 1-71 所示。

图 1-69

图 1-70

图 1-71

执行创意填充操作后，可以发现每次生成的结果都是多垫了几块石头，如图 1-72 所示。分析一下，现在图像上人物的左侧留有一小块投影，可以猜测人工智能是这样判断的：既然有投影，那就一定是有什么东西在旁边。所以就一直给图像添加石头，以匹配投影。因此要消除人工智能的"多虑"，就需要先把投影去除。

图1-72

注：也可以继续涂抹选中多出的石头和投影，再执行删除操作。

再次涂抹，将左侧的投影加入涂抹区域中，单击"清除"按钮，如图1-73所示。

图1-73

这次就得到了满意的结果，如图1-74所示。

图1-74

生成海景效果

选择左侧的"插入"模式，进入"插入"编辑界面，按】键调大画笔，快速涂抹蓝天、山脉、平原区域，如

图1-75所示，然后输入提示词"sea view"。单击"生成"按钮，创建海景。

图1-75

挑选自己喜欢且效果自然的海景，如图1-76所示。

图1-76

继续借助创意填充在海边区域生成沙滩。涂抹海边区域，输入提示词"sand beach"（沙滩），如图1-77所示，单击"生成"按钮，生成沙滩。如不满意当前的生成效果，可单击"更多"按钮，继续生成内容，直到找到满意的结果为止，如图1-78所示。

图1-77

图1-78

图1-80

在石头的右侧涂抹，如前面案例，涂抹出大型犬的外形。创建完成后，单击右上角的"下载"按钮，输出图片。效果如图1-79、图1-80所示。

在Photoshop内合成素材

在Photoshop里可以将输出的图片与其他素材进行合成，如图1-81所示。借助Photoshop强大的功能，尤其是使用具有AI功能的快速选择类工具，可快速、方便地完成合成，这里就不赘述制作过程了。如果你是初学者，那么需要耐心地从第2章开始学习，才能独立完成制作。

图1-79

图1-81

Photoshop 中修图的基本思维逻辑

2-1 Photoshop 中的三个重要概念

Photoshop 作为一款强大的图像处理软件，有一整套成熟的逻辑体系和原理。下面简要地讲述一下这款软件的核心概念。

2-1-1 图层——分层概念

我们要时刻铭记 Photoshop 是一个基于图层和蒙版的软件。尤其作为初学者或非设计师群体，要时刻牢记 Photoshop 是"分层"的天下。因为有图层的划分，Photoshop 才足够专业。所有的细节恢复、特效合成都需要在图层上完成。"图层"面板的启用方法如图 2-1 所示。

默认工作状态下，"图层"面板在 Photoshop 主界面右侧功能面板的下方。也可以按 F7 键或执行"窗口\图层"菜单命令，开启或关闭"图层"面板。

图层分层意味着可以将各个不同的要素分离到各自独立的图层，互不干扰。比如将人物从背景中抽离并放置到单独的图层中，可以随时只针对该人物进行调整，而不会影响到背景。

"图层"面板可以完成绝大多数针对图层的操作，尤其要配合 Shift/Alt 键和其他快捷键来完成操作，这在后面的讲解中会经常遇到。同时也要学会以下技巧：在菜单栏中调出"图层"菜单，如图 2-2 所示。

打开"图层"面板的隐藏的弹出式菜单，如图 2-3 所示；选中一个或多个图层，单击鼠标右键，调出快捷菜单，如图 2-4 所示。

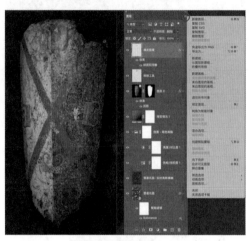

图 2-3

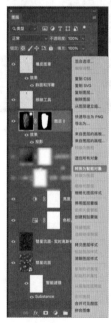

图 2-4

图 2-1

图 2-2

2-1-2 蒙版

蒙版用来控制图层的显示，蒙版内的白色代表可显示的区域，黑色代表不显示的区域，也可以说是镂空区域。

想要添加图层蒙版，通常在"图层"面板底部单击"添加蒙版"按钮。添加蒙版后，要留意界面左上方的文件名标签处，此时会在括号内提示当前选中的是图层还是蒙版。选中蒙版，此时颜色仅可以选择黑白色系。图层蒙版操作如图2-5所示。本书几乎所有案例都会用到图层蒙版。

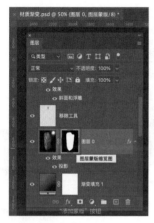

图2-5

2-1-3　通道

通道既可以存储选区，也可以存储单一颜色信息。比如RGB文件里的某个图层就用R（红色）、G（绿色）、B（蓝色）3个单独通道来存储颜色信息，3个通道合并在一起形成RGB图层的彩色显示效果。后面的章节中将会讲解利用通道创建灰度选区，控制AI生成的内容。

2-2 利用蒙版控制单色效果

本案例的重点是介绍图层蒙版的操作。使用Photoshop的调整图层配合自动选区来使图片的背景变成黑白色调，然后利用"纯色"调整图层来给整张图片添加单色调，再利用通道、蒙版和画笔工具来控制局部色调，同时确保可快速、反复修改并组合制作出不同的效果，以完成最终作品。

利用对象选择工具自动选中人物

01 启动Photoshop，按Ctrl+O快捷键或执行"文件\打开"菜单命令，如图2-6所示，在弹出的对话框中，打开"第2章\2-2\2-2素材.jpeg"图片。

技巧提示

大多数工具类软件都会采用相同的快捷键来支持常用的操作，请读者牢记以下通用快捷键。

Ctrl+N 新建文件。

Ctrl+O 打开文件。

Ctrl+S 保存文件。

Ctrl+Shift+S 另存文件（工作时最常用，在不确定结果的时候，会选择另存多个版本）。

Ctrl+A 全选。

Ctrl+C 复制。

Ctrl+V 粘贴。

图2-6

默认情况，图片下方会有悬浮的上下文任务栏（若没有显示，请执行"窗口\上下文任务栏"菜单命令），单击"选择主体"按钮，如图2-7所示。

图2-7

Photoshop会利用人工智能技术来判断主体区域并将其框选出来，框选后会有细细的"蚂蚁线"高亮显示，效果如图2-8所示。

图2-8

创建选区是Photoshop用户必须掌握的基本操作。基于Adobe Sensei推出的人工智能操作"选择主体"命令，大大地提升了制作效率。

技巧提示

针对选区的大部分操作，在"选择"菜单中都可以找到，常用操作都有对应的快捷键，比如取消选区的快捷键为Ctrl+D，反选的快捷键为Ctrl+Shift+I。在2023版本中，选区的快捷操作可以在上下文任务栏中显示。如无法找到该任务栏，可执行"窗口\上下文任务栏"菜单命令来开启，如图2-9所示。

图2-9

02 选择主体后，人物还有部分区域未选中，需要进一步调整选区形状。先分析一下有哪些地方是漏选或多选的。初学者的观察力通常还不够敏锐，他们会遗漏一些细节，如图2-10所示。

图2-10

03 红色线条圈住的部分是自动选择后遗漏或多选的。如右侧手臂处的绿色植物属于多选部分，需要排除在人物选区外。

注：也可以直接使用对象选择工具来完成该步骤。选择对象选择工具，然后移动鼠标指针到画面主体区域并单击，稍等片刻，即可显示主体区域，再次单击即可选中主体区域。需要配合Shift/Alt键来加、减选区。

按W键，确认已选择左侧工具栏中的对象选择工

具，也可以在工具栏中选择对象选择工具。如果按W键并没有选择对象选择工具，可反复按Shift+W快捷键，直到选择对象选择工具，如图2-11所示。或者在工具栏的快速选择工具组上按住鼠标左键不放，直到展开隐藏的所有工具，然后选择对象选择工具，如图2-12所示。初学者可能会觉得复杂，只要多练习几次即可掌握。

图2-11

图2-12

04 按住Alt键不放（留意此时鼠标指针显示为"−"减号），将鼠标指针移至右侧的绿色植物处，按住鼠标左键不放拖曳出方框，框选多出的绿色植物区域，如图2-13所示，Photoshop会自动分析框选区域并得出结果，然后在现有选区中减去该区域。

图2-13

减去选区后的效果如图2-14所示。

图2-14

05 在右侧绿色植物和手臂交汇处，有部分区域需要添加进人物选区。按住Shift键不放（留意此时鼠标指针显示为"+"加号），移动鼠标指针到人物的手臂处，在缺失的区域内拉出矩形框，如图2-15所示，告知Photoshop要添加该区域到现有的选区中。Photoshop会自动分析

并计算框选区域，给出它认为是正确的选区并添加到已有选区中，效果如图2-16所示。

图2-15　　　　　　图2-16

技巧提示

对初学者而言，Photoshop是相对复杂的工具软件。建议初学者先记住工具的位置，再记住快捷键。

在Photoshop中，将鼠标指针悬停在工具或按钮上时，会显示其名称或功能提示，并在最后的括号内显示对应的快捷键。初学者可以在调用工具的时候，悬停鼠标指针，以记住快捷键，反复几次即可记住常用的快捷键。使用任意选择工具时，按住Shift键可实现添加选区到现有选区中；按住Alt键可实现在现有选区中减去新建选区。

06 要留意细节部分选区的缺失，如耳机和头发的空隙处，如图2-17所示。不过这一切的评判标准都在于最终作品的效果如何，如果判断出细节部分选区的缺失并不会影响到最终作品的效果，就可以忽略不计。而且在后面的步骤中可随时通过调用蒙版来细化、完善选区。

07 头顶和桌面区域相对规则，很容易使用矩形选框工具或套索工具来选择，因此就不必使用对象选择工具。按M键调用矩形选框工具或按L键调用套索工具，按住Shift键直接添加选区。在头顶区域，按L键或按Shift+L快捷键切换到自由套索工具，按住Shift键添加选区（或按住Alt键减去选区），如图2-18所示。

图2-17

图2-18

08 按L键选择套索工具，按住Shift键不放，画出线条以添加选区。按住Alt键不放，画出线条以减去不需要的选区，如图2-19所示。

图2-19

完成选区的制作，如图2-20所示。

图2-20

技巧提示

在Photoshop中，各个工具的搭配组合才是要点。只有多练习多使用，方法才会多，判断才会更准确。选择主体和对象选择工具是Photoshop使用AI来减少使用者的工作量的主要途径。再配合其他选择工具，会让选区变得更加精准。制作怎样精准的选区，取决于最终作品的需要。有时不需要制作绝对精准的选区，就可以减少烦琐的工作。

利用图层、蒙版和通道进行调色

09 保持选区处于激活状态，即有蚂蚁线提示，在"图层"面板（按F7键调出）的下部，单击"创建新的填充或调整图层"按钮，在弹出的下拉菜单中选择"黑白"命令，如图2-21所示，添加"黑白"调整图层。

图 2-21

10 保持选区处于激活状态，添加调整图层，会将选区加载至该调整图层的蒙版上。蒙版仅显示黑白色系，黑色为不受本图层影响的区域，白色为受本图层影响的区域，灰色为融合区域，即将本图层效果与下方图层融合在一起，如图2-22所示。

11 受蒙版控制，人物因调整图层作用而转换为黑白色系，而背景则为彩色。我们需要将效果反转，即背景为黑白色系，人物为彩色。在"图层"面板上选中"黑白"调整图层的蒙版缩略图，按Ctrl+I快捷键或者在对应的"属性"面板内单击"反相"按钮，将蒙版的黑白反相并达到反选选区的目的，从而实现人物为彩色、背景为黑白的效果，如图2-23所示。

图 2-22

图 2-23

12 制作的选区也许会有纰漏，尤其每人每次制作的选区会不尽相同，此时需要先检查再进行微调。比如右侧手臂处有遗漏，如图2-24所示，需要使用画笔工具进行微调。

图 2-24

13 保持选中"黑白"调整图层的蒙版，按B键切换到画笔工具，注意检查是否已选中左侧工具栏中的画笔工具，设置前景色为白色（快捷键为D、X，按D键可设置默认状态下的颜色，即前景色为黑色，背景色为白色；按X键，可切换前景色为白色，背景色为黑色），按【和】键可调整画笔大小。按Ctrl++或Ctrl+-快捷键，放大或缩小画面，便于绘制。将画笔工具移至遗漏区域，在蒙版状态下使用白色添加该区域，如图2-25所示。

图 2-25

技巧提示

　　使用画笔工具在蒙版中进行绘制是最常用的控制蒙版的做法，也是创建选区、恢复细节的常用做法。

14 将画面左侧的笔记本恢复至彩色。保持处于蒙版状态，选择画笔工具，如果前景色为黑色，按X键切换到白色，确保前景色为白色；按【和】键调整画笔大小，在笔记本上绘制以恢复笔记本的色调，效果如图2-26所示。

图2-26

15 画笔工具的设置：当选中画笔工具的时候，上方工具属性栏会显示画笔工具的选项。也可以按F5键打开"画笔设置"面板，进行更复杂的设置。画笔工具最常用的设置有3个，如图2-27所示。画笔大小，可使用【和】快捷键来调节；画笔的硬度，这里设置"硬度"为0%，即选择带有羽化效果的画笔，可以创建出自然融合的效果；画笔的不透明度，可按数字键盘上的0~9来快速设置，按数字键0可将不透明度设为100%，在处理边缘区域时，如人物与绿色植物交接处，可将画笔的不透明度设置为20%~40%，这样可以产生自然融合的效果。

图2-27

在实际操作中，只需按【和】键调整画笔大小，还有按0~9的数字键来调整不透明度。

创建单色效果

16 在"图层"面板底部，单击"创建新的填充或调整图层"按钮，在弹出的下拉菜单中选择"纯色"命令，添加颜色填充图层，如图2-28所示。Photoshop会自动打开拾色器，选择绿色，如图2-29所示。

17 在"图层"面板上通过调整颜色填充图层的混合模式和不透明度来获得不同的着色效果，如图2-30所示。

图2-28

图2-29

图2-30

在"图层"面板中确定选中颜色填充图层，在图层混合模式的下拉列表中，将混合模式从"正常"切换到"正片叠底""滤色""柔光"，比较它们之间的差距，选择想要的效果，这里选择"柔光"模式（效果本身没有对与错之分，依照个人眼光及设计制作要求而定）。图2-31~图2-33所示分别为正片叠底模式、滤色模式和柔光模式的图片效果。

图2-31 正片叠底模式

图2-32 滤色模式

图2-33 柔光模式

18 设定"柔光"模式后，此时的图片效果有些像整体蒙上了一层绿色，不太自然。我们可以借助蒙版来控制绿色在画面上的分布，蒙版的内容可以从通道处获得。在"图层"面板中选中"背景"图层，然后在"图层"面板上方标签处，单击"通道"，进入"通道"面板，如图2-34所示。

图2-34

在"通道"面板中，逐一单击各个通道来观察通道内的信息，最终选择红色通道。因为在笔者看来，红色通道内人物、耳机与背景区别较大，更容易区分。保持选中红色通道，按Ctrl+A快捷键全选，再按Ctrl+C快捷键复制红色通道内的信息，如图2-35所示。读者在操作时，可尝试选择不同通道，但要记住通道内的黑白信息对应蒙版中的选区信息。

图2-35

完成复制后，单击RGB通道或按Ctrl+2快捷键，返回原图，如图2-36所示，否则会一直显示单一通道。

图2-36

19 在"图层"面板中选中颜色填充图层，按住Alt键并单击蒙版缩略图，进入颜色填充图层的"蒙版世界"，此时蒙版全为白色。按Ctrl+V快捷键，将前面复制的红色通道信息粘贴到蒙版中，如图2-37所示。

图2-37

20 粘贴完成后，再次按住 Alt 键并单击蒙版缩略图，返回到"RGB 世界"。现在，红色通道的信息就在蒙版中来控制着色的效果了，如图 2-38 所示。

图 2-38

可以按住 Shift 键并单击蒙版缩略图，来启用或停用图层蒙版，如图 2-39 所示，对比切换前后的效果。

图 2-39

21 通过更改选取的颜色，尝试不同的着色效果。在"图层"面板中双击颜色填充图层的图层缩略图，打开拾色器，选择不同颜色。Photoshop 会实时显示不同预览效果。图 2-40~图 2-42 所示分别为选择蓝色、紫色、黄色时的效果。

图 2-40

图 2-41

图 2-42

利用蒙版控制颜色显示

大家可以选择一种色调结束作品的制作，并将其作为素材用在平面作品中；也可以继续根据需要控制更多细节。当前耳机色调在绿色颜色图层和柔光混合模式的影响下，色调偏黄绿色，我们可以借助图层蒙版来恢复耳机的原始色调，如图 2-43 所示。

图 2-43

22 在"图层"面板中选中颜色填充图层的蒙版，按住 Alt 键并单击蒙版缩略图，进入黑白的"蒙版世界"。按 B 键切换到画笔工具，按【和】键调整画笔大小，设置前景色为黑色，在蒙版中将耳机区域绘制成黑色，如图 2-44 所示。

23 读者可以通过这样的操作来熟悉图层、蒙版。耳机恢复色调后如图 2-45 所示。

图 2-44

图 2-47

图 2-45

利用2023版新功能进行调整预设

Photoshop的人工智能体现在很多常用且复杂的操作中，并且都被融入一键生成中。2023版推出了调整预设新功能，将常用的调色效果打包成预设，单击即可一键生成。同时如前面所讲，在"图层"面板中配合蒙版可快速组合出不同效果。

26 按F6键或执行"窗口\调整"菜单命令，如图2-48所示。打开"调整"面板，在"调整预设"下单击"更多"按钮展开调整预设，如图2-49所示。调整预设如图2-50所示。

24 同理，可以绘制牛仔裤区域，恢复画面右侧牛仔裤的色调。只不过要注意单击颜色填充图层左侧的眼睛图标将使该图层不可见，选中"黑白"调整图层的蒙版，因为是"黑白"调整图层使牛仔裤失去了色调。图片效果如图2-46所示。

25 借助蒙版、画笔工具，通过设置不透明度和画笔大小来恢复细节，效果如图2-47所示。

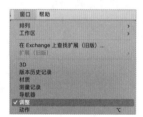

图 2-48

图 2-46

图 2-49

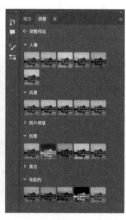

图 2-50

将鼠标指针移动到每个图标上停留片刻，不仅会有预设名称提示，还可以在画面中预览最终效果，如图2-51所示。

图 2-51

27 选中"电影"效果下的"忧郁蓝"预设，将"忧郁蓝"预设加入"图层"面板中。预设都会被组合在一个图层组中，展开图层组，会显示该预设由两个调整图层组合而成，如图2-52所示。

图 2-52

28 在"图层"面板上，单击图层前面的眼睛图标，利用图层的可见性，可非常简单、快速地组合不同效果，如图2-53所示。

图 2-53

也可以利用图层的混合模式、不透明度等创建更细腻的效果，如图2-54所示。

图 2-54

最终效果如图2-55所示，从上到下分别为原图、单色效果、电影胶片效果。

图 2-55

2-3 把手写签名合成到手绘稿中

我们在日常工作中经常会遇到利用自己的笔迹来制作电子签名的情况。要实现签名合成的效果，操作步骤并不复杂，不过笔者想借此案例来介绍Photoshop强大的功能，希望通过此案例可以让初学者掌握、理解诸多知识点，并可以自由组合使用。我们会用图层属性来"避免"创建选区，减少工作量。此案例会帮助读者了解智能对象、图层组和图层样式的作用；也会介绍使用人工智能滤镜：Neural Filters（神经网络滤镜）\Super Zoom（超级缩放）将低分辨率的图片提高到高分辨率，再利用智能对象来保持精度，可以任意缩放图片且不压缩精度；还有掌握"变形"命令（快捷键为Ctrl+T），这是必须要精通的操作，以及介绍如何让手中的iPhone成为Photoshop的摄像头，以简化导入图片的流程。

导入手写签名

该步骤适合使用Mac+iPhone的用户，如果你是使用Windows操作系统的PC用户，可以选择常见的文件传输方式，如扫描、微信传送文件等。

01 执行"文件\从iPhone或iPad导入\拍照"菜单命令，如图2-56所示，然后选择自己的iPhone。

图2-56

在iPhone上打开相机，拍摄完成后，单击"使用照片"，刚刚拍摄的照片会直接在Photoshop中打开，如图2-57所示。

图2-57

02 按C键切换到裁剪工具，在上方工具属性栏中勾选"删除裁剪的像素"复选框，只保留签名部分。双击或按Enter键，确认裁剪，如图2-58所示。

执行"图像\图像旋转\逆时针90度"菜单命令，如图2-59所示，调整签名图片的角度。

图2-58

图2-59

通过Neural Filters的"超级缩放"来提升画质

因签名本身较小，置入Photoshop后画质不够好，需要提升画质。此时可使用基于人工智能的Neural Filters下的"超级缩放"来改善画质，确保签名可以使用。

03 执行"滤镜\Neural Filters"菜单命令，如图2-60所示。

图2-60

在打开的对话框中，打开"超级缩放"开关（第一次使用需要先单击"下载"按钮，下载完成方可使用）。单击缩略图下方的放大镜图标进行放大设置，此处设置放大8倍，并调整相关细节，如图2-61所示。

缩放前后的对比效果如图2-62所示。

图 2-61

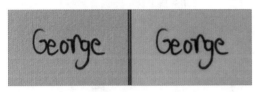

图 2-62

超级缩放是一个非常实用的功能，针对老照片和拍摄模糊的照片可以产生"起死回生"的奇效。

技巧提示

Photoshop是基于像素的软件，不是矢量图形软件，其制作的内容不能无限放大，所以每次制作前要对最终作品的像素大小（长、宽、分辨率、文件大小）有准确的认知。以传统纸质印刷行业为例，如果最终印刷成品中的图片尺寸为4cm×5cm，那么这张图片在保证4cm×5cm的尺寸时，分辨率通常要求达到300dpi，这样才可以确保印刷质量。超级缩放是一个非常棒的后期辅助功能，但如果像素质量实在太差，建议重新拍摄。

利用色阶重新定义黑白场

接下来需要将签名从背景中抽离出来，也就是常说的"去背""抠像"，便于合成到DOCX和PDF等格式的文件上。每个原素材（签名文件）的背景都不同，有不同方法可以实现抠像。采用"色阶"调整图层+图层混合选项+图层样式的方式，可以应对复杂的背景，效果相对更好。这个制作思路可以应用到人像、风景合成中。

04 按F6键打开"调整"面板，选择"色阶"选项，添加"色阶"调整图层。也可以在"图层"面板中单击"创建新的填充或调整图层"按钮，在弹出的下拉菜单中选择"色阶"命令，如图2-63所示。

在"色阶"调整图层的"属性"面板上，左侧有3个吸管工具，从上而下分别代表取样并设置黑场、取样

并设置灰场、取样并设置白场。通俗地讲，就是用这3个吸管工具重新定义画面中最黑、中间色调、最白的区域。选中最下方的"取样并设置白场"吸管工具，在画面中的纸张区域单击，将纸张设定为纯白色。如果一次单击还未全白，可继续单击直到背景趋于全白为止，如图2-64所示。

图 2-63

图 2-64

同理，使用"取样并设置黑场"吸管工具，在文字区域单击，设定"最黑"区域，如图2-65所示。

图 2-65

技巧提示

一定要使用调整图层吗？未必，也可以直接在图层

上使用"色阶"命令。按Ctrl+L快捷键或执行"图像\调整\色阶"菜单命令，如图2-66所示，调出"色阶"对话框，该对话框与"色阶"调整图层的设定完全一致。设置好后，单击"确定"按钮，此时已经在图层上完成了更改。如果要反复调整，可以按Ctrl+Alt+L快捷键重新调出前面的设置，但如果保存并关闭了文件，下次打开就无法再调出前面的参数设置了。调整图层在任何时候都可以反复调整和修改。还有更重要的一点，调整图层作为图层，具有图层的混合模式、蒙版、不透明度等属性，对于复杂的调色简直就是"神器"。

图2-66

在"图层"面板中，按住Ctrl键的同时分别选中两个图层，右击弹出快捷菜单，选择"转换为智能对象"命令，如图2-67所示。将两个图层放进智能对象中（留意智能对象的图层缩略图与普通图层的差异），这样既可以保证变形缩放不影响画质，也可利用图层样式完成后续操作。

图2-67

忘记某步操作时，在右击弹出的快捷菜单中，常常能找到自己需要的操作。

05 在智能对象图层的空白处双击，打开"图层样式"

对话框，选择"混合选项"，在"当前图层"的色条中，向左拖动右侧白色滑块到220左右，屏蔽画面中的白色区域，如图2-68所示。

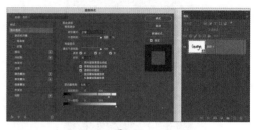

图2-68

06 按住Alt键并单击白色滑块，其会分成两块，继续向左拖动左半部分，让画面的过渡更加自然，如图2-69所示。

图2-69

技巧提示

Photoshop的"图层"面板（见图2-70）隐含了很多操作。以调整图层为例，双击调整图层缩略图（红色方框内），会打开调整图层对应的"属性"面板；按住Ctrl键的同时单击图层缩略图，可加载图

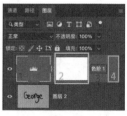

图2-70

层内容到选区。单击蒙版缩略图（黄色方框内），可进入蒙版。按住Ctrl键的同时单击蒙版缩略图，可加载蒙版内容为选区；按住Alt键的同时单击蒙版缩略图，可在画布上显示蒙版内容。双击图层名称（蓝色方框内）可进行编辑。双击图层的空白区域（绿色方框内）可打开"图层样式"对话框。

合成签名

07 打开"第2章\2-3\2-3书本–素材.jpeg"图片。返回签名文件中，在"图层"面板上拖曳智能对象到书籍素材上，如图2-71所示。

图2-71

08 保持选中刚拖曳进来的智能对象"色阶1"，按Ctrl+G快捷键或拖曳智能对象到"图层"面板底部的"创建新组"按钮上，如图2-72所示，将智能对象放入图层组中。

图2-72

09 在"图层"面板底部单击"添加图层样式"按钮，在弹出的下拉菜单中选择"描边"命令，如图2-73所示。

利用"描边"图层样式来去除文字边缘的白边。设定描边的"位置"为"内部"，单击"颜色"框，打开拾色器，将鼠标指针移至书籍页面的阴影处，其会自动切换为吸管工具，单击即可拾取该颜色，如图2-74所示。

图2-73

图2-74

10 保持选中"组1"图层组，按Ctrl+T快捷键，加载自由变形框，将鼠标指针移至4个角处，拖曳缩小签名，如图2-75所示。

图2-75

将鼠标指针移至某个顶点外停留片刻，鼠标指针将切换为旋转工具，旋转调整签名的角度，如图2-76所示。调整完毕，按Enter键确认。

图2-76

11 在"组1"图层组上双击，进入"图层样式"对话框，利用"混合选项"给签名添加斑驳的效果。在混合选项中，设置"下一图层"选项的参数，配合Alt键调节右侧白色滑块，使签名产生斑驳效果，如图2-77所示。

图 2-77

12 在"图层样式"对话框中,继续添加"投影"样式,为签名添加淡淡的投影。添加完毕,单击"确定"按钮,如图 2-78 所示。

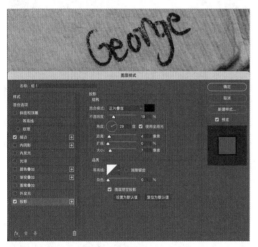

图 2-78

13 在"图层"面板中,保持选中"组 1"图层组,降低其不透明度到 80% 左右,如图 2-79 所示。

图 2-79

14 使用"变形"命令深入调整。选中"组 1"图层组下的"色阶 1"智能对象,按 Ctrl+T 快捷键,在蓝色自由变形框内右击,在弹出的快捷菜单中选择"变形"命令,

使用网格状的自由变形框,如图 2-80 所示。

图 2-80

网格内的每个交汇点都可以拖动,根据书籍页面的形状调整签名,如图 2-81 所示。

图 2-81

调整完成后,按 Ctrl+S 快捷键保存文件为"签名手绘稿 .psd"。

合成手绘稿

15 打开"第 2 章 \2-3\2-3 手绘-素材 .png"文件。图 2-82 所示为人物手绘线稿,截取右侧的将军线稿图,下一步将去除不需要的手指头,如图 2-82 所示。

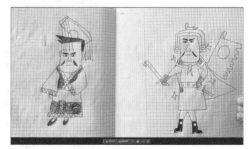

图 2-82

按 L 键,使用套索工具圈选手指头,填充白色或使用画笔工具涂抹白色,如图 2-83 所示。

图 2-83

图 2-86

16 采用和前面相同的做法，在"图层"面板中添加"色阶"调整图层，重新设定黑、白场，如图 2-84 所示。

图 2-84

手绘线稿是画在方格上的，方格的灰度要低于手绘线条的灰度，因此可以重新设定白场来去除方格。使用设定白场的吸管工具，单击方格，如图 2-85 所示。

图 2-87

图 2-85

多次单击方格，直到画面中只有线条为止，效果如图 2-86 所示。

17 在"属性"面板中，向右调节中间的灰度滑块，扩大黑色区域的过渡范围，减少白色区域，如图 2-87 所示。

18 完成黑、白场的设定后，同时选中两个图层并将其转换为智能对象，如图 2-88 所示。

图 2-88

技巧提示

取名字的重要性：至此，细心的读者可能会发现，笔者在制作过程中没有对图层进行个性化命名，名字都由系统随机产生，笔者讲解时已经感到费劲。如果在工作中图层较多，就很容易产生误操作。因此在实际工作中，取名字是一个很好的习惯，在初学阶段就要有意识地养成取名字的好习惯。不仅在Photoshop内部，在保存文件时也要养成取一个清晰明了的好名字的习惯。像视频剪辑、网页设计、排版设计等工作，都会产生大量的链接图片，取一个好名字，整理好文件夹，对我们的工作有很大的好处。

19 将人物线稿添加至"签名手绘稿.psd"中。打开"图层"面板的弹出式菜单，选择"复制图层"命令，如图2-89所示。在"复制图层"对话框中，将目标文档设为"签名手绘稿.psd"，将图层复制到"签名手绘稿.psd"中，如图2-90所示。

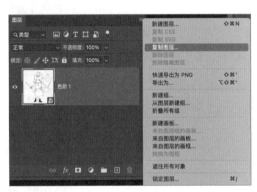

图 2-89

图 2-90

20 保持选中"色阶1"智能对象，按Ctrl+G快捷键编组或在"图层"面板底部单击"创建新组"按钮，如图2-91所示。

21 在"图层"面板上，为"组2"图层组添加"描边"图层样式，参数设置如图2-92所示，使手绘线条变得更加清晰，尤其是在胡子和靴子处。

22 展开"组2"图层组，选中"色阶1"智能对象，按Ctrl+T快捷键，在自由变形框内右击，在弹出的快捷菜单中选择"变形"命令，对人物线稿进行内部变形操

作，以匹配书籍页面，如图2-93所示。

图 2-91

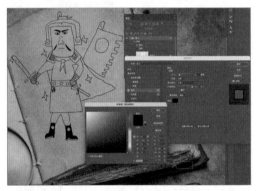

图 2-92

图 2-93

最终效果如图2-94所示。

置入Word

23 单独保存签名文件为PSD格式，可直接拖曳进Word中，也可以转存成PNG等带透明信息的文件格式，如图2-95所示。

图2-94

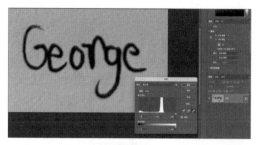

图2-96

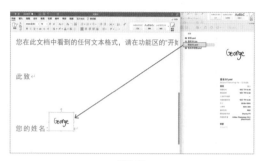

图2-95

图2-97

技巧提示

智能对象可随时进行变形操作，而不改变图层本身的内容。建议在进行复杂的变形操作前，将图层转换为智能对象，然后进行后续操作。

使用"色彩范围"命令快速去除背景

该方法适用于单色背景的签名，如白底黑字或蓝底白字等。

前面介绍了使用色阶、图层样式等综合手段来只显示签名文字，而不显示白色背景（注意，前面的案例并没有删除白色背景）。针对这种近乎白底黑字的图片，我们可以使用"色彩范围"命令来快速选中背景，接下来就介绍一下这种方法。

24 用色阶来消除灰色区域，让图片更黑更白，便于后面进行选择处理。保持选中"背景"图层，按Ctrl+L快捷键调出"色阶"对话框，使用对话框里的吸管工具来取样并重新设置黑、白场，可参考上一个案例的调整设置，图片效果如图2-96、图2-97所示。

25 执行"选择\色彩范围"菜单命令，如图2-98所示，打开"色彩范围"对话框。将鼠标指针移至画面白色区域处并单击，按住Shift键，将遗漏的白色背景区域都添加进来，如图2-99所示。

图2-98

图2-99

26 设置完成后，单击"确定"按钮退出对话框，此时生成的选区是针对白色背景的。按Ctrl+Shift+I快捷键反选当前区域，选中文字区域。按Ctrl+J快捷键将文字复制到新的图层中，如图2-100所示。

图2-100

当前图层为系统默认的"背景"图层，不能直接按Delete键删除。读者可以按住Alt键，在"图层"面板上单击"背景"图层的锁形按钮，解锁后再按Delete键删除白色背景。

27 按/键或在"图层"面板上单击"锁定透明像素"按钮，如图2-101所示。锁定图层上的透明区域不被破坏，也就是说之后的操作只影响图层上的不透明区域。

28 按D键，切换前景色为黑色。按Alt+Delete快捷键填充前景色

图2-101

到文字区域。因为锁定了图层的透明区域，所以黑色只会填充在文字区域。也可以按住Ctrl键的同时单击图层缩略图，加载文字区域后再填充，如图2-102所示。

图2-102

填充后的图片效果如图2-103所示。

图2-103

技巧提示

（1）蒙版主要用来控制什么？

蒙版主要用来控制图层的显示。

（2）蒙版里的黑白信息与通道里的黑白信息有什么不同？

前者主要用来控制图层的显示，后者则存储了该通道的颜色信息。

（3）控制局部时有哪些手段？

可使用蒙版、图层样式内的混合选项，还有选区来控制需要调整的区域。

（4）取样的概念及修复类工具的不同使用场景有哪些？

使用画笔工具、仿制图章工具、修复类工具时，按住Alt键可切换到吸管工具进行取样。画笔工具的取样限于取样点的颜色；仿制图章工具、修复类工具的取样内容是"材质"，包含颜色和材质信息。

前两章分别介绍了 Firefly 和 Photoshop 的思维逻辑以及一些基本操作，接下来详细介绍嵌入 Photoshop 的 AI 功能：创成式填充（Generative Fill）、移除（Remove）、扩展（Extend）。Photoshop 除了延续 AI 强大的功能之外，还与 AI 完美地结合在一起。因此，我们要站在 Photoshop 的角度去看 AI，时时思考如何将 AI 融入 Photoshop 中，让 AI 协助 Photoshop 以提升工作效率，同时 Photoshop 也会帮助 AI 实现完美、精准的效果。最终，使 Photoshop 实现华丽升级，再次成为 AI 时代下的"工作利器"。

对专业人士而言，Photoshop+AI 可以更加快速地实现其创意，改变工作流程，提升产能，节约出更多时间用于创意，甚至是休息。对于非专业人士，Photoshop+AI 可以规避很多复杂的操作，同时制作出专业的效果，助力技巧的进阶。

在接下来的内容里，有以下几点需要读者提前关注，并在学习过程中反复思考，找到属于自己的解决方案。

（1）AI 文本生成的图像内容具有不确定性。同一个提示词不会生成完全相同的内容。在实际工作中，要注意多保存 AI 生成的内容。

（2）要从 Photoshop 的专业角度审视 AI 生成的内容，随时用 Photoshop 进一步修复 AI 生成的内容。因此要想用好 AI 功能，必须熟练掌握 Photoshop。

（3）不用 AI 是否也可以实现你心中的创意想法？绝大多数情况下，Photoshop 有很多种方法可以实现相同的结果。因为 AI 生成的内容的不确定性常常带来"不可用"的内容，而工作中的要求又是很严谨和精准的，所以要多准备几套方案以备不时之需。

（4）AI 的移除 Remove 和扩展 Extend 功能所产生的内容相对稳定，在工作中用处很大，本书第 4 章和第 5 章会专门介绍。

（5）AI 功能生成的文件会非常大，确定效果后，将 AI 功能生成的"创意图层"（图层默认名：生成式图层）转换为普通图层再保存，可减小文件大小。

（6）当前 Beta 版本使用 AI 生成的内容会有画面模糊的问题，注意生成后的改善画质操作。后面的章节会有不少案例涉及画质提升。

3-1 创成式填充的使用

3-1-1 安装 Photoshop（Beta）

目前创成式填充功能还处在测试阶段，所以只能在 Photoshop Beta 版本中使用。在 Creative Cloud 中，选择

"Beta 应用程序"选项，下载 Photoshop（Beta），如图 3-1 所示。

图 3-1

安装 Photoshop 2024 之后的版本，也可以使用 AI 功能，如图 3-2 所示。

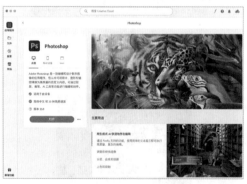

图 3-2

3-1-2 创成式填充的使用方法

在 Photoshop（Beta）中，使用创成式填充的方法也非常简单。

首先创建选区，然后在上下文任务栏中单击"创成式填充"并输入提示词，单击"生成"按钮即可创建 AI 内容，如图 3-3 所示。

Photoshop 中的提示词通常为简单的名词和形容词，可以输入简体中文的提示词。不过 Adobe 官方有提到 Photoshop 会先将简体中文翻译成英文，再执行英文提示词的命令。因此建议尽可能输入英文，以提高 AI 生成的准确度。

创建后会生成3个AI内容，并在画面中实时显示。如图3-4所示。

图3-3

图3-4

"图层"面板会自动创建"创意图层"，并带有图层蒙版，如图3-5所示，这一点非常便于后期调整。

图3-5

技巧提示

决定AI生成最终内容的关键点有两个，一个是创建选区，另一个是提示词。提示词可以借鉴Firefly的案例库Gallery，在案例样本的提示词的基础上去修改。毕竟Photoshop的AI功能就是基于Firefly的，两者的底层思维逻辑是一致的。笔者亲测，如果复制其他AI平台的提示词，产生的偏差会较大。

选区的重要性

在第1章介绍Firefly时，曾经讲解过如何利用涂抹

不同形状来生成不同姿态的对象。Photoshop内的创成式填充也是通过选区来指引AI约束生成的结果。因此选区是Photoshop的AI生成里非常重要的参照物。

后面的很多案例都会涉及创建选区来指引AI生成我们想要的内容。图3-6所示为选区加提示词"black hairs"，其对应生成的发型如图3-7所示。可以看到选区形状对于AI生成的内容的外形影响。

图3-6

图3-7

创建不同选区，加大头部空间区域，如图3-8所示；对应生成的发型如图3-9所示，生成的发型根据选区空间做了改变。

图3-8

Photoshop可以快速创建既复杂又精准的选区，用选区配合提示词来不断完善创成式填充生成的内容。

图3-9

选区的重要性主要表现在以下两个方面。

（1）选区的形状。

选区的外形决定生成内容的"走势"，如是趴着的狗还是坐着的狗。选区包含的内容决定AI要创建怎样的内容来匹配当前画面。

（2）选区的透明度信息。

选区的透明度决定了创成式填充生成的内容与背景画面的融合度。虽然也可以使用Photoshop的图层混合模式、不透明度、蒙版等来实现，但是会耗费很多时间，而且效果不是很好。

下面会通过一些案例来讲解如何利用选区和AI创成式填充来进行快速合成。

如果初学者因为一些操作步骤而被"卡住"，不要着急，可参考第2章里的讲解，遇到操作命令问题，可检查工具属性栏的设置，以及检查"图层"面板是否选中要操作的图层或蒙版，左侧工具栏上是否选对了工具，然后右击，在弹出的快捷菜单中，查找是否有需要的操作命令……先把思维逻辑理顺，操作上的问题就能轻松解决。

必须连接网络

使用创成式填充必须连接互联网，且Adobe ID是在允许使用AI功能的区域内。创成式填充的生成速度快慢也取决于网络的速度，它是一项在线服务。2023版正式发布的移除工具也具有AI能力，但使用移除工具不会使用到网络。

技巧提示

在面对AI平台时，我们常常会感到无助，输入提示词，画面内容由AI和提示词的匹配程度决定，生成速度由后台服务器算力决定，这两种情况完全不属于任何技能范畴。但是将AI嵌入Photoshop就可以通过选区来与其进行沟通，多了一种手段指引AI按照我们的想法去生成物体。当AI生成的内容不如人意的时候，又可以使用Photoshop技巧去完善和修补内容。这就是

Photoshop+AI的强大之处，当然也是本书要着重讲解的内容。

3-2 AI巧换天地

下面通过创建选区配合简单的提示词，利用人工智能来快速将山景更换成海景。读者要留意选区形状的差异和选区透明度的变化对于创成式填充的影响。

选区形状的影响

01 打开"第3章\3-2\3-2-素材.jpg"图片，按L键或Shift+L快捷键切换到套索工具，圈选左侧的树木，注意保留路面，同时留出天空位置，如图3-10所示。

图3-10

02 在上下文任务栏处输入"cafe"，单击"生成"按钮。AI每次会给出3种效果，可在上下文任务栏或"属性"面板中切换不同的效果，如图3-11所示。

图3-11

03 用套索工具圈选右侧的山体和树木，注意保留路面和天空。在上下文任务栏处输入"outdoor tent"，如图3-12所示，单击"生成"按钮，让AI创建户外帐篷。

图3-12

等创成式填充生成内容后，挑选你认为最好的一个。如果都不满意，可单击"生成"按钮，继续生成内容，效果如图3-13所示。

04 同样用套索工具选中天空区域，输入"sea view in Italy"，如图3-14所示，让AI生成类似意大利海边的风景。

图3-13　　　　　图3-14

左侧咖啡店的户外凉亭也同时被选中，因此AI认为该区域是风景的一部分，一起生成海边风景，效果如图3-15所示。

05 如果想保留咖啡店的凉亭，就需要调整选区。按Ctrl+Z快捷键撤销创成式填充，重新创建选区，此次不选中凉亭区域，如图3-16所示。

不同的选区，使用同样的提示词"sea view in Italy"，单击"生成"按钮，可以得到完全不同的效果，如图3-17所示。

图3-15　　　　　图3-16

稍作停留，请读者注意两个要点。

（1）如果再仔细一些把凉亭里的树木都选中，就会得到更广阔的海景，如图3-18所示。选区的细致程度直接决定AI生成的内容。

图3-17　　　　　图3-18

（2）Photoshop里的创成式填充可以不断叠加，可以在帐篷里放置物品，也可以在桌子上摆放餐具。加上Photoshop原有的强大的合成能力，就可以不断纠错、不断完善画面。图3-19所示为按照个人创意在帐篷内生成咖啡壶的效果。

图3-19

06 使用套索工具在地面上勾勒出类似椭圆形的选区，输入提示词"Corgi"，如图3-20所示，让AI生成一只狗，效果如图3-21所示。

图 3-20

图 3-21

07 在桌面上，使用套索工具勾勒出"立"着的椭圆形，输入提示词"black cat"，如图3-22所示，生成一只坐着的黑猫，效果图3-23所示。

图 3-22

图 3-23

选区不透明度的影响

选区的不透明度会影响AI生成的内容与背景的融合

度，这是一个非常快速、有趣且强大的功能。在介绍该功能之前，要先理解Photoshop创建选区的思维和方法。任何一个画笔工具、修复工具、加深/减淡工具，只要可以在蒙版里绘制，都可以创建选区；任何一个命令，如"色阶"命令、"模糊"滤镜等，只要可以在蒙版里工作，都可以创建出新的选区。在蒙版里输入文字，选择不同的文字颜色，就可以创建不同的选区。除去黑白，灰色代表了不同透明度的选区信息。接下来我们使用快速蒙版模式，借助画笔的不透明度来创建选区，同时学习一下钢笔工具和"路径"面板的使用方法。

08 按P键切换到钢笔工具，在画面上拖曳出第一个锚点，移动到下一个位置并拖曳，创建出一条曲线。按上述操作使用3个锚点创建一条曲线，效果如图3-24所示。

图 3-24

09 拖曳锚点时会出现两个控制把柄，按住Ctrl键不放，拖动控制把柄可调整曲线的形状，如图3-25所示。

图 3-25

需要注意的是，选中钢笔工具的时候，查看工具属性栏内是否选择了"路径"选项。通过检查工具属性栏的参数设置，就能解决很多操作问题。

10 按B键切换到画笔工具，按【和】键调整画笔大小，设置"不透明度"为100%。设置完成后，按Q键进入快速蒙版模式，此时画面没有任何反应，我们需要在画面上快速创建选区，如图3-26所示。

图 3-26

图 3-29

11 打开"路径"面板（通常在"图层"面板的旁边），也可以执行"窗口\路径"菜单命令，开启"路径"面板。选中工作路径并右击，在弹出的快捷菜单中选择"描边路径"命令，如图 3-27 所示。若想保存路径，选中工作路径并右击，在弹出的快捷菜单中选择"存储路径"命令，存储路径后，可将路径保存为 PSD 格式的文件，便于以后反复使用。

图 3-30

图 3-31

得到的彩虹效果过于生硬，更像是气球，如图 3-32 所示。

图 3-27

12 在"描边路径"对话框中，选择"工具"为"画笔"，单击"确定"按钮，如图 3-28 所示。沿着路径用画笔工具绘制，如图 3-29 所示。

图 3-28

13 按 Q 键退出快速蒙版模式，绘制的形状转变为选区。按 Ctrl+Shift+I 快捷键反向选择，如图 3-30 所示。

14 取消反选，确定选区无误后，在上下文任务栏处输入提示词"rainbow"，创建彩虹，如图 3-31 所示。

图 3-32

15 调整选区的不透明度，再次生成彩虹效果，按 Ctrl+Z 快捷键撤销生成结果。选中画笔工具，按数字键 4，降低画笔的不透明度到 40%（在工具属性栏处也可以调整画笔的不透明度）。因为是用画笔来绘制选区的，所以用画笔的不透明度来控制选区的不透明度。重复前面的操作,按Q键进入快速蒙版模式,然后在"路径"面板中执行"描边路径"命令,使用画笔对路径进行描边,如图3-33所示。

图 3-33

描边完成后按Q键退出快速蒙版模式,再按Ctrl+Shift+I快捷键反向选择。此时Photoshop提示:因像素不大于50%,选区边将不可见,如图3-34所示,单击"确定"按钮,画面没有任何显示,不用担心,选区已经创建。

图 3-34

在上下文任务栏处输入提示词"rainbow in sky",如图3-35所示,让AI再次生成新的彩虹。

图 3-35

可以看到这次生成的彩虹在天空和云彩中若隐若现,非常逼真、自然,如图3-36所示。

图 3-36

将不透明度设置为100%、60%、40%,生成的彩虹效果分别如图3-37、图3-38、图3-39所示。

图 3-37

图 3-38

图 3-39

16 原素材与制作后的效果对比,如图3-40所示。右侧两张图片使用了相同提示词和不同选区。

图 3-40

读者可以根据自己的想象力和创造力,重构这张图片,可以通向宫殿、通向城堡、通向森林……

案例小结

Photoshop的创成式填充即AI功能。除去提示词,选区的形状和不透明度对于生成内容有着同样的影响力。Photoshop强大的功能可以让创作者轻松制作出任何形状和不透明度组合的效果。最后再次强调一下,AI功能对于制作速度的提升是非常有用的。创作者需要利用Photoshop创作出自己想要的效果,只有这样才能够将创成式填充应用到实际中。

3-3 AI添加食材

下面继续使用创成式填充，借助AI和提示词生成图像，借助图层蒙版来进行合成。笔者也会利用选区形状和不透明度来指引AI创建内容。

AI生成图像

01 打开"第3章\3-3\3-3-素材.jpeg"文件。按L键或Shift+L快捷键切换到套索工具，在画面中的面团上圈选以生成选区，如图3-41所示。这里要在面团上借助AI生成牛肉粒，因此选区形状由读者自己来决定。

图3-41

技巧提示

如何记住快捷键？笔者推荐的方法就是每次使用工具或命令的时候，首选快捷键方式。如果忘记了，可在工具或命令处查看相关的快捷键提示，记住即可。多使用快捷键，不仅可以提高制作速度，还可以时刻保持头脑清醒。另外，在使用快捷键时，一定要再次确认是否切换到想要的工具或命令。我们还可以在"帮助"菜单上输入"快捷键"，按Enter键调出快捷键设置对话框，如图3-42所示。

图3-42

02 在上下文任务栏处输入提示词"small dried beef cubes"，单击"生成"按钮，如图3-43所示。

图3-43

03 创成式填充生成牛肉粒，建议多单击几次"生成"按钮，挑选自己满意的结果，图片效果如图3-44、图3-45所示。此处挑选图3-45所示的效果，读者可根据个人感觉来选择不同的生成内容。

图3-44

图3-45

04 按L键，使用套索工具在手臂之间勾勒选区，让AI生成一把厨房刀具。创建好选区后，输入提示词"kitchen knife"，单击"生成"按钮，如图3-46所示。

05 多单击几次"生成"按钮，在多个结果中挑选满意的刀具，如图3-47所示。现在出现了新的问题，生成的刀具显得太过生硬，需要让刀具和飞溅的面粉融合在一起。

图3-46

图3-47

选区不透明度设置

06 借助选区的不透明度来完成刀具与飞溅面粉的融合。按Q键进入快速蒙版模式，按B键切换到画笔工具，按数字键1设置"不透明度"为10%，按【和】键调整画笔大小。这里尽量放大画笔，画笔直径几乎可以与手臂间的空隙宽度相当，这样单击一

图3-48

次即可覆盖整个宽度。设置完成后，在手臂间单击，下方靠近面团和牛肉粒的区域多单击几次，以提高其不透明度，让刀具在这个区域显得更清晰，然后逐步过渡到上方。也就是说上方单击一次，往下逐步多单击几次，手动完成不透明度从低到高的过渡，效果如图3-48所示。

07 绘制完成后，按Q键退出快速蒙版模式。查看选区，通常需要进行反向选择，按Ctrl+Shift+I快捷键得到选区。再次输入同样的提示词"kitchen knife"，单击"生成"按钮，如图3-49所示。

图3-49

反复生成多个内容，但对所有的结果都不太满意。虽然有的产生了渐隐效果，但方向是相反的，刀尖朝上，如图3-50所示。

08 重新调整一下选区。按Q键再次进入快速蒙版模式，按B键切换到画笔工具，按数字键1设定"不透明度"为10%，在面团上方绘制出一个把柄形状，尝试给AI正确的指引，如图3-51所示。绘制完成，按Q键退出快速蒙版模式，创建选区，然后输入提示词"kitchen knife"，单击"生成"按钮，如图3-52所示。

图3-50

图3-51

调整选区后，AI生成了刀尖朝下且与面粉完美融合的内容，效果如图3-53、图3-54所示。

图3-52

图3-53

图3-54

挑选满意的刀具，就可以完成本次制作。使用AI生成刀具有一个新的问题，AI每次生成的刀具都不重样，也未必是我们想要的形状。

比如为某品牌的刀具制作海报时，刀具形状就必须是客户指定的样式，不能用AI去随机生成某种样式。此时客户会提供刀具图片，如果也要为其创建渐隐的效果，就需要使用传统的方法。

在蒙版中使用渐变工具

09 在"图层"面板中找到之前步骤5生成的没有渐隐效果的刀具生成式图层或打开"第3章\3-3\3-3渐隐制作.psd"文件，选中"kitchen knife"图层，按Ctrl+J快捷键复制该图层，如图3-55所示。这里，我们假设使用此种样式的刀具。重命名新复制的图层为"蒙版调整"，在"蒙版调整"图层上右击，在弹出的快捷菜单中选择"转换为图层"命令，将AI生成的智能对象转为普通图层，便于后续合成使用，如图3-56所示。

图 3-55

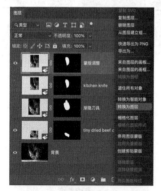

图 3-56

10 将AI生成的智能对象转换为普通图层后，它会以图层组的形式出现。展开图层组，如图3-57所示，选中多余的图层，按Delete键删除。转换为普通图层后，可以使AI生成的每个结果都以单独图层的方式存在。有时可能需要将两个结果合成一个，此时转换图层就起到了关键作用。

选中刀具所在的图层，在"图层"面板底部单击"添

加图层蒙版"按钮，为其添加蒙版。单击蒙版缩略图，选中蒙版，确保在蒙版中进行操作，如图3-58所示。

图 3-57

图 3-58

11 按G键切换到渐变工具，在上方的工具属性栏中设置从黑到白的渐变效果，可适当降低不透明度，如图3-59所示，在画面中从左上向右下拖曳鼠标创建渐变效果。

图 3-59

在Photoshop（Beta）中，渐变工具做了改进。在画面中拖曳顶点和过渡点可以实时调整渐变效果，如图3-60所示。

12 当前图层组中有两个蒙版：一个是在刀具图层上的黑白渐变，用于创建渐隐效果；另外一个蒙版在图层组中，

控制整个图层组的显示。调整渐变后，产生的渐变效果符合我们的预期，而且可自由调整渐隐区域，如图3-61所示。

图 3-60

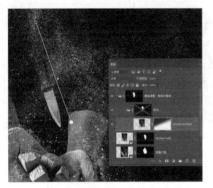

图 3-61

制作前后的效果对比，如图3-62所示。

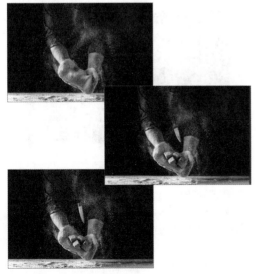

图 3-62

最终效果并不复杂，但是从制作效率来讲，创成式填充确实提供了非常强劲的动力。AI生成的内容具有不确定性和不稳定性，每次得到的内容都是唯一的，不太可能再次得到一模一样的内容。注意多保存AI生成的内容，多个AI生成的内容可以借助Photoshop整合在一起。

13 还可以直接在生成式图层上使用蒙版进行合成。选中刀具所在图层的蒙版，使用渐变工具从左上向右下拖曳鼠标，创建从黑到白的渐变效果，如图3-63所示。

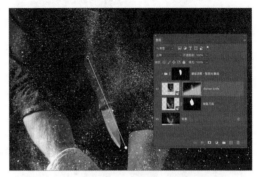

图 3-63

按Ctrl+0快捷键，按屏幕大小缩放视图，可以看到面团和牛肉粒上多了一道直线痕迹。在"图层"面板上可以看出是因为使用了渐变工具，导致图层蒙版发生了变化，右下方原本被屏蔽的区域显示了出来，如图3-64所示。

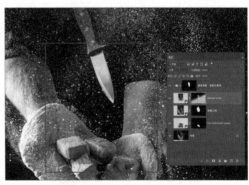

图 3-64

按住Alt键的同时单击"kitchen knife"图层的眼睛图标，关闭其他图层的显示，可以更加直观地看到图层上的显示状态，如图3-65所示。

在蒙版中，按B键切换到画笔工具；按D键设置前景色为黑色；调整画笔大小，将多余内容屏蔽掉，如图3-66所示。

最终效果如图3-67所示。

45

图 3-65

图 3-66

图 3-67

案例小结

创建选区，输入提示词，用文本生成图像，这是Photoshop创成式填充的操作步骤。通过前面的讲解，相信读者们已经有了初步的了解，下面做个总结。

（1）创成式填充生成的AI内容的优点是与背景融合得非常好，不足之处在于内容具有随机性。

（2）选区的形状、不透明度与提示词一起决定了生成的内容。

（3）越精通Photoshop，越能用好AI创成式填充功能。

3-4 AI合成背景

下面通过一个合成案例，来帮助读者熟悉AI创成式填充的使用技巧和生成式图层（智能对象）的使用方法。本节的提示词会借用Firefly里的样本，还会详细介绍精修及合成的技巧。

使用移除工具和仿制图章工具修复瑕疵

01 按Ctrl+O快捷键，打开"第3章\3-5\3-5-素材.jpeg"图片，如图3-68所示。

图 3-68

02 使用移除工具和仿制图章工具去除纸袋。按Z键切换到缩放工具，在牛仔裤区域拖曳鼠标，放大该区域，可以观察到大腿旁边一个白色纸袋。选择移除工具，如图3-69所示，修复两腿之间和大腿外侧两个区域。

图 3-69

按【和】键调整画笔大小，涂抹两个区域，松开鼠标或按Enter键进行移除，如图3-70所示。

可以看到大腿外侧的移除效果非常棒，但是两腿之间的区域则被填充上了浅蓝色，如图3-71所示，原因是AI认为这个区域也属于牛仔裤的一部分。因此我们需要使用不同工具分别处理这两个区域。

图 3-70

图 3-71

按Ctrl+Z快捷键撤销移除操作。使用移除工具涂抹大腿外侧的白色纸袋，如图3-72所示。借助AI，移除工具修复得非常棒，修复效果如图3-73所示。

图 3-72

图 3-73

03 按W键或Shift+W快捷键切换到对象选择工具，拖曳鼠标，框选两腿间的区域，配合Shift或Alt键添加或减

去选区，调整最终选区形状，如图3-74所示。

图 3-74

04 按S键切换到仿制图章工具，按住Alt键在水面上取样，如图3-75所示；然后按【和】键调整画笔大小，在选区内涂抹，将取样区域复制到选区内，如图3-76所示。

图 3-75

图 3-76

05 若因为选区不够精细，导致破坏了原本的外形，可使用移除工具再次进行修复，效果如图3-77、图3-78所示。移除工具+仿制图章工具是一对非常好用的搭档，在后面的案例中会经常见到这两个工具搭配使用的情况。

注：这一步的修改没有新建图层，主要原因是操作比较简单，且效果可控；并且按Ctrl+Shift+S快捷键另存为PSD格式文件时，原JPEG格式文件会被保留，有需要时可以再次打开。

图 3-77

图 3-78

技巧提示

带有人工智能的移除工具除了具有移除功能外，还可以修补丢失的区域，这可以让我们在制作选区时不必非常精确，会节省很多时间。

AI生成群山背景

06 使用创成式填充将远处的风车换成群山背景。按L键或Shift+L快捷键切换到套索工具，将远处的风车、天空及地面圈选下来，如图3-79所示。

图 3-79

07 选区不必非常精细，尽量沿着外形圈选，稍微多选一些区域也可。选择后，配合Shift或Alt键，添加或减去当前选区，留意按下Shift或Alt键时，鼠标指针会显示+或-形状，如图3-80所示。

图 3-80

08 创建选区后，在上下文任务栏中，将鼠标指针停留在"创成式填充"按钮上，Photoshop会提示"修改现有内容、扩展图像并生成对象、背景和场景。"，准确又充分地解释了"创成式填充"的用途，如图3-81所示。

图 3-81

09 单击"创成式填充"按钮，进入提示词编辑状态。输入提示词"distant mountains"，让AI生成远处的群山背景，单击"生成"按钮生成内容，如图3-82所示。

图 3-82

10 此时会出现进度条，等待Photoshop和AI服务器的"沟通"，然后反馈生成内容到Photoshop，这个过程与Firefly完全一样。等待片刻，生成内容即显示在画面上。AI将根据当前画面的色调、内容，加上提示词的要求，对填充结果进行匹配合成。创成式填充不仅仅是使用文本生成图像，还使用AI进行了融合匹配处理，从而产生逼真的效果，如图3-83所示。

图 3-83

知识巩固

（1）关注上下文任务栏，在当前创成式填充编辑状态下，留意提示词和生成的3个画面内容的选择。

（2）"图层"面板上创建了"生成式图层"，该图层为智能图层，除去图层所有的功能外，还保留了创成式填充的"原始"状态，我们可随时选中该图层进入创成式填充的调整。

生成的智能图层也可以转换为普通图层，如图3-84、图3-85所示。转换为普通图层的好处就是利用图层+蒙版可以将多个结果和原图进行合成，从而纠正AI出现的"错误"。但要记住，智能图层一旦转换为普通图层，就不能再返回"创成式填充"进行"反复的AI生成"。我们可以先复制"生成式图层"，作为备份。

图3-84

图3-85

（3）"属性"面板在功能上与上下文任务栏有些重复，但是更便于直观操作，如图3-86所示。我们可以单击缩略图来切换显示内容，还可以删除不需要的内容，如图3-87所示。

图3-86

图3-87

修改提示词以再次生成

11 选中生成式图层，确保当前画面没有任何选区。在上下文任务栏中修改提示词为"distant river and sky"，如图3-88所示，单击"生成"按钮。等待片刻，Photoshop将显示AI生成的效果。

图3-88

远处的山消失了，单击上下文任务栏上的三角符号，切换不同的效果，如图3-89所示。

图3-89

如果对结果不是很满意，可以继续单击"生成"按钮，让AI生成新的内容，如图3-90所示。

图3-90

当生成的内容较多时，使用"属性"面板调整会更加直观、快速。AI生成的所有内容在"属性"面板上都以缩略图的形式显示，单击缩略图即可切换画面到该内容上。如果使用上下文任务栏切换效果，就需要按顺序依次查找，类似早期的"线性"查找；而"属性"面板则类似"非线性"查找，单击缩略图即可跳转到该内容，如图3-91所示。

图3-91

借助Firefly的提示词

12 前面提到可以利用Firefly的样本提示词来协助使用Photoshop的创成式填充提示词。打开Firefly的Gallery页面，挑选海洋日出这个样本，单击"Try prompt"按钮，如图3-92所示。

图3-92

进入编辑界面，选中并复制提示词"ocean sunset with sailboat"，如图3-93所示。

13 保持选中"生成式图层1"，在其"属性"面板的提示词处粘贴从Firefly复制而来的提示词"ocean sunset with sailboat"，如图3-94所示。

14 单击"生成"按钮，生成新的内容，带有3个主要元素"海、日出、船"，如图3-95所示。

15 在"图层"面板中保持选中"生成式图层1"，按Ctrl+J快捷键复制该图层，关闭下方生成式图层的显示。选中刚刚复制得到的图层并右击，在弹出的快捷菜单中选择"转换为图层"命令，将智能图层转换为普通图层，

如图3-96所示。

图3-93

图3-94

图3-95

转换完成后，展开图层组，按Shift或Ctrl键选中所有不需要的图层，如图3-97所示，按Delete键或将其拖曳到"图层"面板的"删除图层"按钮上，删除不需要的图层，以减小文件大小。

如果误删图层，或者想要撤销操作，可以多次按Ctrl+Z快捷键恢复到想要的操作。直观的做法是打开"历史记录"面板（执行"窗口\历史记录"菜单命令，开启该面板），直接选择想要恢复的操作，如图3-98所示。

图 3-96   图 3-97

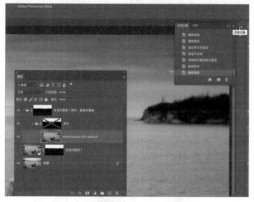

图 3-98

精修细节

通过分析图片可以发现，远景显得有些假，主要是远处的船太过清晰，与水面融合处有些生硬，而且左侧小山头上有些奇怪的东西，如图3-99所示。下面来进一步修复这些细节。

图 3-99

16 按Ctrl++快捷键放大图像，按住空格键切换到抓手工具，调整图像，显示左上角小山头区域。按J键或Shift+J

快捷键切换到污点修复工具，在上方工具属性栏中勾选"对所有图层取样"复选框。按Ctrl+Shift+N快捷键创建新图层，修改图层名为"污点修复"。按【和】键调整画笔大小，涂抹不想要的区域，如图3-100所示。

图 3-100

请读者牢记，只要能在新图层上进行修复，就一定要创建新图层，确保原图不变可随时更改。另外，记得勾选"对所有图层取样"复选框，这样才能在空白的新图层上使用污点修复工具。

污点修复工具会根据待修复区域周围的内容进行模拟填充，带有一定的AI特点，但是并不会先去分析内容，再去创建内容进行修补填充。所以使用污点修复工具得到的结果难免不尽如人意，如图3-101所示。我们需要再配合仿制图章工具、画笔工具来细致修复。但是如此一来，修复时间会大大增加。

图 3-101

17 也可以使用创成式填充来进行修复，本书后面章节会详细介绍，这里使用"移除工具"。按Ctrl+Z快捷键撤销刚才的污点修复操作。按Shift+J快捷键切换到移除工具，在上方的工具属性栏中勾选"对所有图层取样"复选框，保持选中新建的"污点修复"图层，在空白的新图层上使用移除工具。按【和】键调整画笔大小，必要时按Ctrl++或Ctrl+-快捷键调整视图，涂抹需要修复的区域，如图3-102所示。

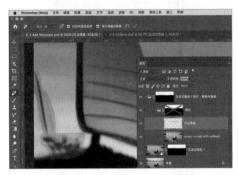

图 3-102

松开鼠标，等待片刻，修复后的效果比之前使用污点修复工具的效果要好得多，如图3-103所示。究其原因，移除工具带有AI，会根据周围的内容来判断要修复填充的区域是什么内容，然后再进行创成式填充。

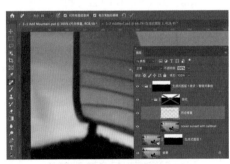

图 3-103

天空中还有未处理完美的区域，再次使用移除工具修复该区域效果，如图3-104、图3-105所示。

修复海面

海面上有过渡不自然的区域，如图3-106所示，需要将其移除。

18 保持选中"污点修复"图层，选择移除工具，在上方工具属性栏中取消勾选"每次笔触后移除"复选框，这样可避免松开鼠标后即刻处理。读者可以涂抹完成后，单击对号按钮或按Enter键来执行移除操作。在海面上，

使用移除工具单击，然后按住Shift键的同时在另外一头单击以画出直线，如图3-107所示，单击上方的对号按钮，执行移除操作。

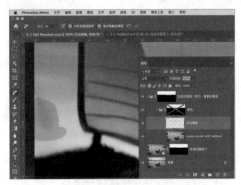

图 3-104

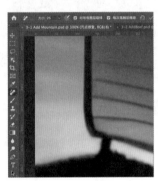

图 3-105

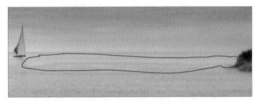

图 3-106

图 3-107

移除工具很好地融合了之前生硬的海面，如图3-108所示。

图 3-108

模糊处理

19 模糊处理帆船，让它们显得不那么清晰，便于与背景融合到一起。选中最上方的图层，确定当前显示内容没有遗漏，按Ctrl+Shift+Alt+E快捷键合并所有可见图层的内容到新图层，如图3-109所示。

图 3-109

20 在左侧工具栏处选中模糊工具，如图3-110所示，按数字键9设置强度为90%，涂抹帆船，使其产生模糊的效果。

图 3-110

21 尽量为每个图层进行重命名操作，便于以后修改。模糊后，画面会显得更加自然，如图3-111所示。

图 3-111

添加投影

最小的帆船在海面上并没有投影，显然不符合实际，需要使用加深工具为其添加投影，如图3-112所示。

图 3-112

22 按O键切换到加深工具，将曝光度降低到10%，按】键调大画笔，使画笔覆盖投影的最宽处，反复涂抹，并随时查看效果，确保得到满意的结果，如图3-113所示，注意不要涂抹得太重。

图 3-113

23 制作完成后，在"图层"面板上按住Alt键的同时单击"背景"图层的眼睛图标，查看制作前后效果的对比，如图3-114所示。

图 3-114

对比制作前后的差异，如图3-115所示。

图 3-115

　　笔者反复提及的创成式填充、移除等 AI 功能确实加快了制作速度，缩短了制作时间。读者可以随时随地继续使用创成式填充进行 AI 填充，再借助 Photoshop 进行精修，真正做到自由地运用创成式填充，随时调用人工智能。

渐变填充图层调色

24 在"图层"面板底部单击"创建新的填充或调整图层"按钮，选择"渐变"，添加渐变填充图层，在"属性"面板中选择"蓝色_20"，如图 3-116 所示。渐变填充的颜色可以随时修改。

图 3-116

25 在"通道"面板中选中蓝色通道，如图 3-117 所示，按 Ctrl+A 快捷键全选，再按 Ctrl+C 快捷键复制蓝色通道信息。返回到"图层"面板，按住 Alt 键的同时单击渐变填充图层的蒙版缩略图，进入蒙版编辑界面，按 Ctrl+V 快捷键粘贴蓝色通道到蒙版，用蓝色通道信息来控制渐变填充图层的显示。将渐变填充图层的图层混合模式改为"柔色"，降低不透明度到 30% 左右。

26 选中渐变填充图层，按 G 键切换到渐变工具，此时画面会显示渐变工具调整提示。拖曳两个顶点和中间的过渡点，找到自己认为满意的渐变效果，如图 3-118 所示。

图 3-117

图 3-118

　　添加蓝色渐变后的对比效果如图 3-119 所示。

图 3-119

反复修改

27 如果此时又需要进行调整，要将草丛去掉，可以继续借助创成式填充+移除工具+修复工具。按 L 键切换到套索工具，大致圈选草丛区域，如图 3-120 所示。

28 在上下文任务栏处单击"创成式填充"按钮，不输入任何提示词，直接单击"生成"按钮，AI 将执行移除操作。如果生成效果不好，可多单击几次"生成"按钮，大致得到图 3-121 所示的效果。

图3-120

图3-121

29 使用移除工具和修复工具继续修复水面。这一步需要不停调整视图及画笔大小，需要有足够的耐心。最终修复结果如图3-122所示。

图3-122

在进行以上两步操作时，务必要关闭蓝色渐变填充图层的显示，否则有可能引起"混乱"。

调整完成后，前后对比效果如图3-123所示。

技巧提示

为什么不在一开始把草丛修复掉？因为这是为了模拟实际工作的场景，故意将此步骤放到了最后。试想在工作中，常常会遇到客户或同事临时有了新的点子，需要你再修改一下的情况。应对此类要求，要养成好的制作习惯，尽量做好分层。还有最后移除草丛时，要注意关闭蓝色渐变填充图层的显示。读者要始终保持清晰

的头脑，知道自己在哪个基础上进行的操作，需要得到什么效果。

图3-123

案例小结

整个案例不是很复杂，重点在于如何将AI和Photo-shop结合。AI带来了无限可能，但是很难精准控制效果；Photoshop恰恰可以完美控制最终效果。因此要熟练掌握Photoshop的基本功能，养成良好的操作习惯，在此基础上才能发挥AI强大的功能。

3-5 AI修复人像

使用创成式填充可以快速地给人物更换头发、胡子、眼镜、首饰、服装等，不过笔者建议目前不要使用AI直接去创建人物。

图3-124中，左侧是原图，右侧两张是用相同提示词制作出的两个不同版本。

图3-124

下面以其中一个版本为例来讲解，讲解的重点不是AI如何生成内容，而是选区如何影响AI，以及怎样用Photoshop去合成。打开"第3章\3-6\3-6-素材.jpeg"文件。

AI更换发型

01 按L键使用套索工具圈选头发，选区的形状将直接影响发型的形状。在上下文任务栏中输入提示词"black hairs"，单击"生成"按钮，如图3-125所示。

图3-125

AI将根据选区生成黑色短发。生成的几个内容的效果都很不错，如图3-126、图3-127所示。

图3-126

图3-127

02 改变选区，加大头顶上方的选区空间。输入提示词"flowing black hair"（飘逸的黑发），单击"生成"按钮。如图3-128所示。

图3-128

生成的第一个内容就"翻车"了，如图3-129所示。

图3-129

不过其他内容都非常出色，如图3-130、图3-131所示。

图3-130

图3-131

在"属性"面板中更改提示词为"flowing black and

blond hair"，单击"生成"按钮，AI将生成黑黄相间飘逸的头发，如图3-132所示。

"生成"按钮，让AI生成眼镜，如图3-135、图3-136所示。

图3-132

图3-135

AI更换胡须

03 在"属性"面板中找到生成的黑色短发的任意一个内容，使用黑色短发来继续进行下面的操作。使用套索工具圈选胡子区域，选区要大于现有的胡子区域。在上下文任务栏中输入提示词"black whiskers"（黑色络腮胡），单击"生成"按钮，如图3-133所示。

图3-133

生成的结果如图3-134所示。

图3-134

图3-136

AI更换衣服

05 按Shift+W快捷键切换到快速选择工具，按】键放大画笔，在蓝色上衣处单击或拖曳，快速将蓝色上衣选中。在上下文任务栏中输入提示词"T-shirt"，生成新的上衣，如图3-137、图3-138所示。

图3-137

图3-138

AI创建眼镜

04 使用套索工具在眼睛、眉毛、耳朵处圈选出类似眼镜的形状。在上下文任务栏中输入提示词"glasses"，单击

按Ctrl++快捷键放大视图，可以发现手臂处有瑕疵，需要使用Photoshop进行精修，如图3-139所示。

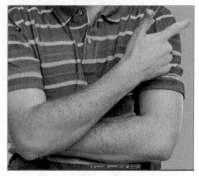

图3-139

06 选中"背景"图层，按W键或Shift+W快捷键切换到快速选择工具，将手臂和手选中，如图3-140所示。放大视图检查选区是否有缺失或多选的，配合Shift/Alt键添加或删除选区。确定选区准确后，按Ctrl+J快捷键将选区内容从"背景"图层复制到新图层，将新图层重命名为"手臂"。按Ctrl+Shift+N快捷键创建新图层，并将其拖曳到"手臂"图层的下方，重命名为"修复"，如图3-141所示。

图3-140

图3-141

其他由创成式填充生成的图层建议都用提示词来命名，这样便于以后调整。

07 按J键或Shift+J快捷键切换到移除工具，在上方工具

属性栏处勾选"对所有图层取样"复选框，按【和】键调整画笔大小，保持选中新建的空白的"修复"图层，在手臂有瑕疵的区域涂抹，进行修复，如图3-142、图3-143所示。

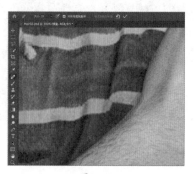

图3-142

图3-143

有些复杂的区域不能用移除工具一次性完成修复，如图3-144所示。

图3-144

按S键使用仿制图章工具修复背景。仿制图章工具也要设置对齐所有图层，这样可以在空白图层上修复所有可见内容，如图3-145所示。使用仿制图章工具前，需要先按住Alt键取样，然后将取样区域的信息复制到想要的地方。这里有两个主要参数：按【和】键调整画笔大小，按数字键或在工具属性栏中可设置不透明度。

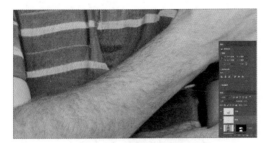

图 3-145

08 修复工作一定要细心，放大视图，反复检查手臂边缘，查看是否有瑕疵，如图 3-146 所示。

图 3-146

原素材与两个不同版本的最终效果对比如图 3-147 所示。

图 3-147

09 笔者在用同样的提示词和选区去生成眼镜时，发现画面左侧的眼镜架总是缺少一截，如图 3-148 所示。如果是在以往版本中，需要费很多周折来补上丢失的镜架。现在使用移除工具仅需一次涂抹即可完成"嫁接"工作。打开"第3章\3-6\3-6修复眼镜腿.psd"文件。

10 按 Ctrl+Shift+N 快捷键创建新图层，在"图层"面板中拖曳新图层到所有图层的上方，确保可以对所有图层进行采样。按 J 键切换到移除工具，按【和】键调整画笔大小，使其比镜架略大即可。在缺失区域涂抹，让涂

抹区域覆盖两边一小部分的镜架。松开鼠标或按 Enter 键进行移除，可以惊讶地发现缺失的镜架居然被完美地连接上了。操作过程如图 3-149 所示，左侧为缺少镜架的内容，中间为使用移除工具进行涂抹的状态，右侧为按Enter键执行移除操作后的效果。

图 3-148

图 3-149

3-6 AI 移除口罩

下面借助人工智能实现神奇的创成式填充，摘掉女孩脸上的口罩，再用"液化"滤镜及移除工具等进行精修。图 3-150 所示为原始素材与最终结果的对比。

图 3-150

AI 移除口罩

01 打开"第3章\3-7\3-7-素材.jpeg"文件，这是一张戴口罩的女孩的图片。按 L 键使用套索工具，沿口罩外围创建选区。选区不必十分精确，只要圈住口罩，并且范围

59

稍微大一些即可。选区创建完成后，在上下文任务栏处输入提示词 "remove mask"（移除口罩），单击"生成"按钮，如图 3-151 所示。

图 3-151

02 在 AI 生成的内容里挑选满意的内容，如果都不满意可单击"生成"按钮生成新的内容。当前生成的 3 个内容分别如图 3-152、图 3-153、图 3-154 所示。

03 继续单击"生成"按钮，得到 6 个变化内容，从中挑选一个微笑的画面。可以看到当前的鼻子、嘴巴、牙齿等处还有瑕疵，如图 3-155 所示。暂时先放一放，等使用 AI 创建完成所有内容后，再统一修复。

图 3-152

图 3-153

图 3-154

图 3-155

AI 更换发型

04 使用套索工具沿头顶勾勒出大致选区。在上下文任务栏中输入提示词 "blond hair"（金色头发），单击"生成"按钮，如图 3-156 所示。

图 3-156

在生成的 3 个不同发型中，挑选个人满意的内容，如图 3-157、图 3-158、图 3-159 所示。

图 3-157

图 3-158

图 3-159

AI更换服装

05 使用套索工具将外套选中，注意衣服上的头发区域要空出来。在上下文任务栏中输入提示词"GYM fit"，单击"生成"按钮，如图3-160所示。

图 3-160

反复单击"生成"按钮，在多个生成内容中挑选自己满意的结果，如图3-161、图3-162所示。

图 3-161

图 3-162

这里挑选了更加具有运动感的服饰，如图3-163所示。

图 3-163

使用创成式填充并借助AI移除口罩、更换发型和服装的前后对比效果如图3-164所示。

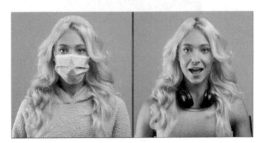

图 3-164

精修细节

仔细查看，可以看到使用创成式填充虽然非常神奇地摘掉了口罩，巧妙地更换了服装，但是也有不少瑕疵。

06 瑕疵主要分布在两个区域：面部和手臂。先来修复手臂处的瑕疵。按Ctrl+Shift+N快捷键新建图层，并重命名为"修复细节"，将图层移至所有图层的上方。按J键切换到移除工具，在上方工具属性栏中勾选"对所有图层取样"复选框。按【和】键调整画笔大小，配合视图调整。不要把画笔设置得过大，稍微比黑色区域的宽度小一些即可。涂抹手臂边缘处时要仔细，尽量一次涂抹完成，同时手臂边缘处的线条要流畅、连贯，如图3-165所示。

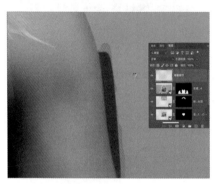

图 3-165

假设很随意地设置画笔大小和进行涂抹，会使移除结果不尽如人意，如图3-166所示。

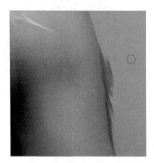

图 3-166

07 按【键缩小画笔，按Ctrl++快捷键放大视图，继续使用移除工具来修复边缘。不要一次性涂抹太长或太大的区域，应逐步修复小范围的区域，最终完成整个修复工作。具体操作过程如图3-167、图3-168、图3-169、图3-170所示。

图 3-167

图 3-168

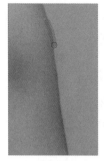

图 3-169

图 3-170

技巧提示

前面的操作中，有很多小的细节读者一定要在平时多关注，并且多思考，具体原因如下。

（1）新建图层来进行修复，是为了不破坏原图，而且便于后期修改调整。

（2）新建的图层放置到所有图层的上方，是为了确保修复可针对所有可见内容，避免被其他图层遮挡。初学者一定要注意，这个操作很容易遗漏而造成怎么做都没效果。

（3）勾选"对所有图层取样"复选框，确保新建图层可以进行修复，并使用下方所有的内容。

（4）调整画笔大小+调整视图，可以既快速又准确地进行修复。

（5）涂抹区域时，修复类工具都会参考涂抹的区域进行修复，因此涂抹时不能太过于随意，尤其在边缘区域。

08 手臂其他区域的修复同上，如果画面内容丢失了质感，可配合使用仿制图章工具来克隆材质，如图3-171所示。

图 3-171

恢复头发丝的小技巧

09 按Ctrl+1快捷键调整视图到100%，查看画面左侧手臂和身体之间的头发丝，如图3-172所示。

图 3-172

在修复瑕疵时，此处的头发丝会被一并去除，因此需要克隆头发丝，让效果显得更加逼真，如图3-173所示。

10 在图像中寻找头发走向和色调接近的区域，按S键切换到仿制图章工具，按住Alt键的同时在该区域单击取样，如图3-174所示。

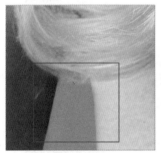 

图 3-173　　　　　图 3-174

按数字键2设置"不透明度"为20%，按【和】键调整画笔大小，在头发下面小心绘制，克隆出头发丝，如图3-175所示。

图 3-175

11 如果对效果不满意，可以随时按Ctrl+Z快捷键撤销操作，也可以打开"历史记录"面板返回相应操作。耐

心恢复缺失的头发丝，如图3-176所示。

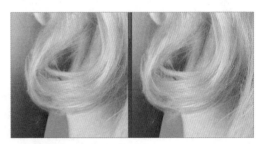

图 3-176

通过"液化"滤镜修正面部

12 在"图层"面板中给创成式填充生成的图层命名，便于后续管理。使用相应的提示词为其他图层命名，将面部图层命名为"remove mask"。保持选中"remove mask"图层，执行"滤镜\液化"菜单命令，如图3-177所示，因为创成式填充生成的图层为智能对象，因此将自动赋予智能滤镜。

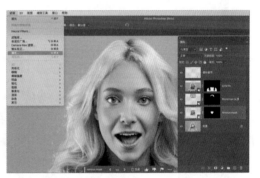

图 3-177

13 进入"液化"对话框中，左侧为工具栏，右侧是参数面板，如图3-178所示。先用右侧的参数对鼻子和嘴巴的结构进行调整。按Ctrl++快捷键放大视图到便于观察的状态，在右侧的参数面板上，增大鼻子的高度和宽度，让鼻子显得更加饱满；增大"微笑"参数值，调整上下嘴唇和脸部形状，如图3-179所示。这一步的调整需要发挥个人想象力，调整出自己心目中的样子。如果是认识的人，就要根据其特征去调整。

14 参数调整完成后，使用左侧的向前变形工具 来调整鼻子的位置。按【和】键调整画笔大小，在人物鼻子右侧边缘（即画面左侧的鼻子边缘）按住鼠标左键并向左侧推动，让鼻子两侧更加均匀，如图3-180所示。使用同样方法调整画笔，让鼻尖不要那么尖。

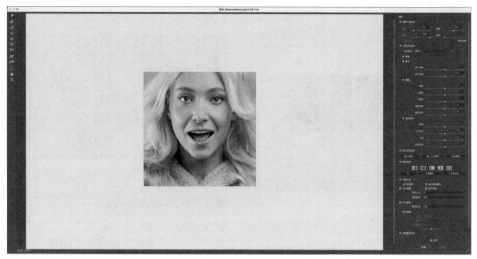

图 3-178

图 3-179

图 3-180

15 接下来矫正牙齿。选中牙齿，只针对牙齿进行液化处理。在右侧参数面板的"蒙版选项"下单击"全部蒙住"按钮，此时画面被蒙上一层红色，如图3-181所示。

图 3-181

16 在左侧工具栏上选择解冻蒙版工具，涂抹人物的牙齿区域，如图3-182所示。

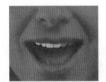

图 3-182

17 选中牙齿后，在左侧工具栏处选择顺时针旋转扭曲工具，按【和】键调整画笔大小，让其稍微比牙缝长度大一点儿，在牙缝上单击，旋转拉直牙齿，如图3-183所示。

图 3-183

18 旋转拉直后，再次使用向前变形工具调整牙齿的形状，如图3-184所示。调整完成后，单击"确定"按钮。

图 3-184

因为使用了智能滤镜，所以任何时候都可以在"图层"面板中双击智能滤镜下的"液化"选项，打开"液化"对话框，重新进行编辑和调整。也可以双击"液化"右侧的"双击以编辑滤镜混合选项"按钮，设置混合模式与不透明度，这两项更适合调色工作，如图3-185所示。

修正前后的对比效果如图3-186所示。"液化"滤镜可以自动识别出五官，并可以针对性地调整五官的位置、大小。这也是Adobe提供的AI功能，非常便于精细调整面部。

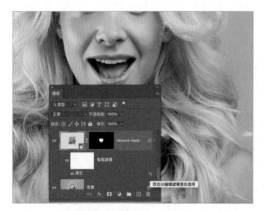

图 3-185

图 3-186

19 修复女孩的舌头，很明显AI生成了一些不必要的内容。按Ctrl+Shift+N快捷键创建新图层，将其重命名为"舌头修复"，并放置在所有图层的上方。按J键切换到移除工具 ，按【和】键调整画笔大小，移除舌头区域内的瑕疵，如图3-187、图3-188所示。

图 3-187

图 3-188

20 按【键缩小画笔，按Ctrl++快捷键放大视图，继续精细修复舌头区域的瑕疵。具体操作过程如图3-189、图3-190、图3-191所示。

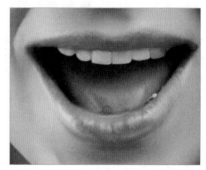

图 3-189

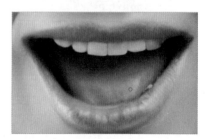

图 3-190

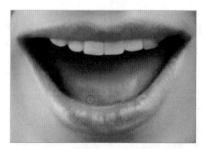

图 3-191

移除高光区域

21 修复完舌头后,移除面部的部分高光区域,主要在鼻梁、脸蛋处。按Ctrl+Shift+N快捷键新建图层,将其重命名为"去除高光",并放在所有图层的上方。继续使用移除工具,调整画笔大小,移除部分高光区域,如图3-192所示。

图 3-192

调整完成后,前后对比效果如图3-193所示。

图 3-193

更换耳机

22 现在女孩佩戴的耳机不如AI生成的另外一个内容的耳机好,也就是说,我们需要把AI生成的两个内容合成一个。选中"GYM fit"图层,即AI生成的更换衣服的图层,按Ctrl+J快捷键复制该图层。在新复制的图层"GYM fit 拷贝"图层的"属性"面板上挑选喜欢的耳机样式。选择好后,在图层上右击,并在弹出的快捷菜单中选择"栅格化图层"命令,如图3-194所示,转换为普通图层,重命名为"耳机"。

23 选中"耳机"图层,按W键使用对象选择工具将耳机框选出来,如图3-195所示。选区不必非常精准,后面可借助蒙版随时调整。

24 选区创建完成后,在"图层"面板底部单击"添加图层蒙版"按钮,将选区添加到蒙版,画面只显示耳机区域。下面将耳机与背景融合。因为底下的图层上有另外一款耳机,所以画面会有瑕疵。选中"耳机"图层的蒙版,如图3-196所示。

图 3-194

图 3-195

图 3-196

25 按B键切换到画笔工具,按D键后再按X键,切换前景色为白色,恢复"耳机"图层的内容来遮挡下层的耳机,如图3-197所示。

图3-197

图3-199

注意，在此过程中要随时调整视图和画笔大小，以及调整画笔的不透明度，切换黑白两色，恢复和屏蔽"耳机"图层。注意恢复耳机的投影部分，使其更加逼真，如图3-198所示。

图3-198

原始素材与最终作品的效果对比如图3-199所示。

技巧提示

我们使用传统且稳妥的方法——图层蒙版来实现替换耳机的操作。在实际工作中，当确定要使用前面AI生成的对象时，就要快速、稳妥地替换掉对象，这时传统的方法就是最有效的。

案例小结

当AI嵌入Photoshop后，国内外专家们都称赞其为"Game changer"，它改变了创意者、使用者、生产者的制作流程，尤其改变了创意构思和制作修改两个阶段。在本章的案例中，如果没有创成式填充，要想制作出同样的效果，就需要查阅大量素材，还要去匹配，这个过程非常烦琐。AI功能虽然有不确定性，结果又常带有偶然性，但是可以快速将创意设计明确化，并且Photoshop可以组合不同AI结果，让结果更加精准。

在去除口罩的案例中，通过创成式填充去除口罩得到微笑的女孩，之后使用"液化"滤镜调整五官来得到满意的结果。

不要忘记，创成式填充生成的AI内容放在了智能对象图层内，因此AI内容具有图层所有的特点和功能，如图层蒙版、混合选项、不透明度、图层混合模式等，且可以应用智能滤镜。当AI生成的内容不能完全令人满意时，剩余工作就要借助图层功能并配合工具来进行修复了。

第4章

Photoshop的AI功能——AI移除修复

本章将深度讲解创成式填充和移除工具██的使用方法。借助人工智能移除画面中不需要的元素，并修复出与背景相匹配的内容。这个过程不同于以往填充颜色和材质，而是通过人工智能计算并生成缺失的内容。创成式填充针对大范围、复杂的场景，常常能给出非常惊艳且稳定的结果。它非常适合修复户外风景照、街景，大范围地去移除"闲杂人等"，同时给出"合理"的结果。

移除工具██适合小范围的场景，针对细节进行移除、修复。移除工具也具有AI功能，会根据画面内容的特点移除并"补"上缺失的内容。要注意，在同一区域反复使用移除工具会使该区域变得模糊。

创成式填充的使用需要网络的支持；而移除工具则不需要，因此移除工具的使用会更快速。

4-1 AI移除修复功能的使用

01 创成式填充的使用方法非常简单，首先创建选区选中要移除的内容，不必十分精确，只需圈住大概形状即可；然后在上下文任务栏中单击"创成式填充"按钮。打开"第4章\4-1钟楼\4-1钟楼素材.jpg"文件，放大视图并平移到画面的右下角，按L键使用套索工具圈选右下角多余的砖块，如图4-1所示。

图4-1

保持选区处于选中状态，不输入任何提示词，单击"生成"按钮，如图4-2所示，即可移除选中的内容。

图4-2

创建选区后也可以执行"编辑\生成式填充"菜单命令，如图4-3所示。打开"创成式填充"对话框，不输入任何提示词，直接单击"生成"按钮，如图4-4所示。

图4-3

图4-4

02 单击"生成"按钮后，需要稍等片刻，经过服务器处理后，再返回AI生成的内容。与用文本生成图像去创建新内容一样，创成式填充通过AI分析现有图像的内容，重新生成新的"生成式图层"内容并"遮盖"需要移除的区域（注意，"遮盖"的意思就是在原有图层内容上又"贴"上新的内容）。"属性"面板和上下文任务栏中同时提供了3个不同的结果，如图4-5所示。如对现有结果不满意，读者可以在保持选中"生成式图层"缩略图且没有任何选区的状态下，再次单击"生成"按钮，继续生成新的内容以供选择。

图4-5

03 通过创成式填充，快速移除画面右下角区域不需要的内容，修补出完美的画面，如图4-6所示。

图4-6

不要小瞧右下角区域的修复，其由地砖、墙角和红色墙体3部分组成，涉及砖缝、墙角线、材质等复杂因素。如果没有AI加持，这绝对是一个复杂的修复工程。如使用其他修复工具，这也是一个不小的修复工程。按J键切换到移除工具，在右下角瑕疵区域涂抹，然后按Enter键，如图4-7所示。所得到的结果并不能让人满意，如图4-8所示。当然，我们可以在此基础上继续使用移除工具逐步修复，但是工作量就会大于创成式填充的移除了。

图4-7 　　　　　　　图4-8

接下来通过一组案例来详细介绍创成式填充和移除工具的特点和使用技巧。关键是要根据画面内容和制作要求来灵活和综合使用创成式填充+移除工具+Photoshop，以便快速、完美地完成移除和修复工作。

4-2 快速修复城墙

人们在旅游中常常会拍下"人头攒动"的照片，这是写实风格的生活照，但有时又需要一张"干净"、没有游客的景致照片，此时AI移除功能就能显得无比重要且功能强大。打开"第4章\4-2城墙\4-2城墙素材.jpeg"文件。

01 按L键选择套索工具，将画面上的人物全部选中。选区不必精准，但要把人物都包含在内，还要留意将人物的投影也一并纳入选区，如图4-9所示。在上下文任务栏中，单击"创成式填充"按钮，不输入任何提示词，单击"生成"按钮，一次性将所有人物移除。

图4-9

02 也就几秒的时间，AI就把画面中的人物移除了，并修复了城墙。在没有嵌入AI的时代，不敢想象这是怎样复杂的修复工作，更不要说如此轻松地完成。修复前后的对比效果如图4-10所示。

图4-10

技巧提示

执行完创成式填充后，一定要按Ctrl++快捷键放大视图。按住空格键切换到抓手工具，移动视图来检查细节，如果有瑕疵可以继续使用创成式填充和移除工具来进行微调。后面的章节里会有详细的讲解。

4-3 使用逐一移除修复广场

经过上一个案例，我们可以体会到创成式填充的AI移除功能是多么强大了。不过每张图片的画面内容、像素尺寸等都不相同，正确地使用创成式填充是得到满意结果的前提。下面继续通过案例来深入介绍如何移除大范围的区域。

AI一次性移除

01 打开"第4章\4-3广场\4-3-广场素材.jpg"文件，这是一张夕阳时分从高处用手机拍摄的照片，此处要移除画面上三三两两的行人、娱乐设施、远处的汽车、楼房等，让画面显得尽量"干净"。按L键选择套索工具，按住Shift键的同时圈选人物、汽车、娱乐设施等，如图4-11所示。

02 注意要将行人的投影还有地上的水渍也一并选中。放大视图并按住空格键平移视图，使用合适的视图便于快速、准确地创建选区。在上下文任务栏中单击"创成式填充"按钮，单击"生成"按钮，如图4-12所示。

图4-11

图4-12

03 等待片刻，AI生成了移除的效果，按Ctrl+0快捷键，按屏幕大小缩放视图，整体效果看起来还是不错的，如图4-13所示。

图4-13

04 按Ctrl++快捷键放大视图，发现在过道处有很多瑕疵，过道已经扭曲、变模糊了，远处的古建筑也完全不见了，地上的线条也被破坏了，如图4-14所示。

图4-14

05 按住空格键切换为抓手工具，平移视图到画面左侧，花坛区域也是"混乱不堪"，树木、台阶和地面都被破坏了，这张图完全不能使用，如图4-15所示。

图4-15

AI逐一移除

06 按Ctrl+Z快捷键撤销生成的内容，逐一将人物、汽车及娱乐设施移除。调整视图到中间过道处，使用套索工具圈选过道最外面靠近石雕的两个行人，如图4-16所示。

图4-16

07 在上下文任务栏处单击"创成式填充"按钮，再单击"生成"按钮，利用AI移除两个行人，如图4-17所示。对照前面一次性修复的效果，可以发现效果好了很多，过道维持了正常样貌，没有走样、变形、模糊。

图4-17

08 同样使用套索工具圈选过道中间的行人，以及远处古建筑前空地上停放的汽车，如图4-18所示。行人在过道中间，AI可以轻易地移除，因此创建选区时可以随意一些。

图4-18

09 在上下文任务栏处单击"创成式填充"按钮,再单击"生成"按钮,移除选中区域,如图4-19所示,远处的古建筑和汽车前的4个路障都被完好地保留了下来。

图4-19

10 一次性移除与逐一移除的效果对比如图4-20所示。其中,上图为一次性移除的效果,下图为逐一移除的效果,我们可以清楚地看出两者的差距。

图4-20

11 按Ctrl++快捷键放大视图,按住空格键并拖曳鼠标,平移视图到左侧花坛处。按L键切换到套索工具,单独选中花坛处做拉伸运动的路人及投影,如图4-21所示。

在上下文任务栏处,单击"创成式填充"按钮,再单击"生成"按钮,移除该路人。注意,一定要选中人物在花坛和台阶处的投影。

图4-21

12 使用同样的方法移除左侧坐着的两个人和他们的投影,效果如图4-22所示。

图4-22

13 使用同样的方法逐一移除路上的行人,还有娱乐设施,效果如图4-23所示。

图4-23

修复细节

14 按Ctrl+Shift+N快捷键创建新图层,将其重命名为"细节修复",如图4-24所示。按J键切换为移除工具,按【和】键调整画笔大小,修复移除后在花坛上产生的瑕疵。使用技巧就是要合理调整视图

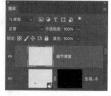

图4-24

和画笔大小,同时要小心地涂抹接缝处,不要破坏画面结构,如图4-25所示。

图4-25

15 通过一次性移除与逐一移除的对比，可以明显看出逐一移除的效果更好，如图4-26所示。

图4-26

16 使用套索工具将山坡和广场之间的楼房选中，在上下文任务栏中，单击"创成式填充"按钮，输入提示词"mountain"，如图4-27所示，再单击"生成"按钮，移除楼房并生成山脉。

图4-27

17 在生成的内容里，挑选效果最佳的，如图4-28所示。

图4-28

18 AI新生成的内容又破坏了远处的古建筑。选中图层蒙版，按B键切换到画笔工具，设定前景色为黑色，屏蔽新生成的内容，显示之前移除修复的古建筑，如图4-29所示。

19 随时按【和】键调整画笔大小，按数字键调整不透明度，恢复的古建筑如图4-30所示。

图4-29

图4-30

20 修复完成后，对比原素材和最终移除的效果，如图4-31所示。

图4-31

技巧提示

处理方法要与最终目的相关联。如果画面左侧移除娱乐设施后，要设计摆放其他户外设施，该设施会遮挡花坛区域，那么在移除娱乐设施时，就没必要非常精细地处理花坛区域，如图4-32所示。总之，一切操作要依照最终目的来决定。

图 4-32

4-4 改变移除次序修复背景

现实中，我们常常会遇到在背景和主体之间有需要移除物品的情况。打开"第4章\4-4小黄人\4-4-素材.jpg"文件，如图4-33所示。画面中的主体是小黄人玩偶，我们需要移除其右侧的玻璃杯和背后的碗筷。此时Photoshop早期推出的具有AI功能的一键选中物体功能就非常重要。借助此功能，我们可以先一次性移除修复画面，再利用对象选择工具和图层蒙版将小黄人玩偶恢复，这样制作节省了大量创建选区和恢复背景的时间。与前一个案例不同，本案例不用逐一移除，先一次性修复背景，再把主体恢复，这样可以更加高效地完成制作。

图 4-33

01 按L键切换到套索工具，将画面中的小黄人玩偶、玻璃杯、碗筷圈选在一起，注意要将投影选中，如图4-34所示。

图 4-34

02 在上下文任务栏处，单击"创成式填充"按钮，再单击"生成"按钮，移除选中区域的内容。可以看到，桌面和墙面都修复得非常不错，缝隙也都非常完美。只是AI多生成了一些内容，如图4-35所示。

图 4-35

03 使用套索工具圈选画面上多余的内容，在上下文任务栏中单击"创成式填充"按钮，再单击"生成"按钮，如图4-36所示。

图 4-36

04 借助AI移除多余的内容，省去调整桌子上的木板缝隙的过程，这样就快速地得到了一个完整、干净的桌面和墙面，如图4-37所示。

图 4-37

05 在"图层"面板中选中"背景"图层，按Ctrl+J快捷键复制图层，并按Ctrl+Shift+】快捷键将新复制的图层拖曳到"图层"面板的最上方，如图4-38所示。

06 保持选中"背景 拷贝"图层，按W键切换到对象选择工具，将鼠标指针移至小黄人玩偶上，等画面自动显示红色，单击小黄人玩偶区域，对象选择工具将自动选中小黄人玩偶。按住Shift键的同时，使用同样的方法，将小黄人玩偶的投影区域选中，如图4-39所示。

图4-38

图4-39

07 修改"背景 拷贝"图层名为Minion，保持选区的选中状态，单击"图层"面板下部的"添加图层蒙版"按钮，将选区加入蒙版内，如图4-40所示。我们可根据实际画面来调整蒙版。单击蒙版缩略图，按B键切换到画笔工具，按D键后再按X键设置前景色为白色，按数字键0~9调整不透明度，通过绘制蒙版来调整画面。

图4-40

移除前后的效果对比如图4-41所示。

图4-41

如果本案例采用逐一移除的方式，不仅会降低效率，而且最终效果也不一定会令人满意。个人经验，像本案例主体和需要移除的内容重合在一起时，使用先整体移除再恢复主体区域的方式会更加高效。

技巧提示

Photoshop的AI功能不仅仅是用文本生成图像，而是一个完整的体系，包括快速选择类工具、校正色调等。本节使用对象选择工具来一键选中物体，如图4-42所示，不仅大大地提升了效率，也丰富了制作手段。当然，还使用了图层蒙版及各种工具。因此只有精通Photoshop，才能最大化地发挥AI的功能。

图4-42

4-5 去除铁丝网

下面讲解使用移除工具快速去除铁丝网。这是非常常见的后期处理，是我们必须要掌握的技能。下面我们一起来"享受"移除工具带来的便利。移除工具 ☑ 在Photoshop 2023中已经正式发布，其使用方法类似画笔工具，通过涂抹画面中要移除的内容，按Enter键确定（具体根据工具属性栏上的设置而定），即可移除选中内容。

01 打开"第4章\4-5移除铁丝网\4-5-素材.jpg"文件，这是一张带有铁丝网的图片。按J键切换到移除工具 ☑，在上方工具属性栏处取消勾选"每次笔触后移除"复选框。如果勾选该复选框，则每次涂抹后松开鼠标，将即刻执行移除操作。虽然速度很快，但不便于细致地调整。比如下面要涂抹铁丝网，我们需要整体涂抹完成后，再一起执行移除操作，而且在涂抹的过程中，需要随时停下来调整画笔大小，也就是要分阶段涂抹，最终一起执行移除操作，此时就要取消勾选"每次笔触后移除"复选框，如图4-43所示。

图4-43

02 按【和】键调整画笔大小，使画笔略大于铁丝的宽度。在铁丝的一头单击，然后将鼠标指针移到铁丝另外一头，按住Shift键的同时单击，画出直线。铁丝并不是绝对垂直和水平的，因此画直线的时候要注意角度，如果一条直线并不能完全覆盖铁丝，可以稍微偏移一点，在已有直线的基础上再画一条直线，确保完全覆盖铁丝，如图4-44所示。

图4-44

画笔大小和绘制的精细程度决定了最后效果的好坏。随时按【和】键调整画笔大小，结合视图调整，可绘制出相对精准的区域。

03 全部绘制完成后，按Enter键或在上方工具属性栏处单击 ✔ 按钮，执行移除操作。等待Photoshop处理完成，可以看到铁丝网被去除了，而且效果不错，如图4-45所示。

图4-45

04 放大视图，查看画面内容，会发现有些许瑕疵。按L键切换到套索工具 ◯，圈选瑕疵区域。在上下文任务栏处单击"创成式填充"按钮，如图4-46所示，然后单击"生成"按钮。

图4-46

05 使用创成式填充并利用AI生成了新的内容，新内容匹配和融合了周围水面的色调，如图4-47所示。

图4-47

如果继续使用移除工具，则会让画面质量下降，产生模糊的效果。因此尽量使用移除工具一次性解决问题，尤其在处理前景或主要内容时，不要反复使用移除工具。图4-48所示为反复使用移除工具的效果。

图4-48

原素材与最终效果对比如图4-49所示。

图4-49

技巧提示

取消勾选"每次笔触后移除"复选框，如图4-50所示，可以分阶段地去涂抹区域，随时松开鼠标并调整画笔大小，或者调整涂抹位置，还可以按住Shift键的同时单击，绘制直线区域。

图4-50

4-6 使用移除工具精修图片细节

创成式填充和移除工具配合使用，经过AI的协助，得到的结果不同于文本生成图像的不确定性，而是非常稳定，常常让使用者被结果所惊艳。这两个新功能不仅提升了修复流程的速度，也带来了新的思路。

创成式填充的计算过程需要调用后台服务器，因此需要保持网络畅通。从功能上看，它更适合大范围、复杂的移除处理工作。

移除工具的计算在本地，因此不需要网络。移除工具响应速度更快，更适合小面积的移除处理工作。

全新的AI修复流程

（1）快速选择（略大于需移除内容），尽量按照内容形状圈选。注意，如有明显投影，务必将投影也选中，否则AI会根据投影计算出其他内容。

（2）创成式填充借助AI移除所选内容。将提示词区域设置为空白，不输入任何内容，直接单击"生成"按钮。

（3）反复生成多个内容并进行比较，挑选令人满意的AI生成内容。读者可挑选多个AI生成内容进行组合，一定要注意保留生成式图层，便于后续的反复修改。使用"转换为图层"命令，如图4-51所示，可以配合图层蒙版将多个AI生成内容合成为新的内容。

（4）放大视图，仔细查看细节。AI生成内容往往会有些小瑕疵，需要仔细检查。

图4-51

（5）使用移除工具、修复类工具、仿制图章工具等配合"图层"面板的使用，对细节进行修复和校正。注意，一定要新建图层进行修复。

（6）可继续使用创成式填充生成图像或移除"生硬"的区域进行融合，以协助修复工作。

下面用一个简单的案例来介绍全新的AI修复流程。

01 打开"第4章\4-6阳台上的猫咪\4-6-素材.jpg"文件。按L键使用套索工具，将遮挡猫咪的植物和下方透明器皿选中，选区略大于实际内容即可，如图4-52所示。

02 创建完选区，在上下文任务栏处单击"创成式填充"按钮，再单击"生成"按钮，如图4-53所示，利用AI移除植物和透明器皿。

图4-52

图4-53

03 生成式图层给出3个不同的"变化"选项，挑选其中最令人满意的一个。如果都不满意，可以保持选中刚创建的生成式图层，确定是选中图层缩略图而不是蒙版缩略图，然后在上下文任务栏处单击"生成"按钮，再次生成新的内容，如图4-54所示。

图4-54

04 按Ctrl++快捷键放大视图，检查是否有瑕疵。发现猫咪头部有明显划痕，继续使用套索工具选中该区域，执行创成式填充，进行移除修复，如图4-55所示。移除结果如图4-56所示。

图4-55　　　　　　　　　图4-56

　　AI每次生成的内容都不尽相同，所以瑕疵区域也未必相同，读者需要根据实际情况来选择。

05 放大视图并按住空格键使用抓手工具，调整视图到画面的左下角，原透明器皿位置有未处理好的划痕。使用套索工具创建选区，在上下文任务栏中单击"创成式填充"按钮，再单击"生成"按钮，如图4-57所示。移除效果如图4-58所示。

图4-57

图4-58

06 划痕修复完成，但是旁边的阴影还有瑕疵。按Ctrl+Shift+N快捷键创建新图层。按J键切换到移除工具，按【和】键调整画笔大小，在工具属性栏中取消勾选"每次笔触后移除"复选框，涂抹阴影瑕疵区域，按Enter键执行移除操作，如图4-59所示。移除结果如图4-60所示。

图4-59

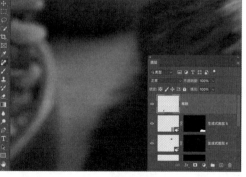

图4-60

07 在画面右下角，植物叶子遮挡了阳台区域。使用套索工具选中叶子区域，如图4-61所示，执行创成式填充操作，不输入任何提示词，直接单击"生成"按钮，使用AI进行修复。

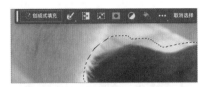

图4-61

08 AI识别出了背景中的阳台区域并进行了完美的修复，生成了令人满意的内容，如图4-62所示。

图4-62

一键调色－调整预设

09 执行"窗口\调整"菜单命令，打开"调整"面板，在"调整"面板内的调整预设里寻找合适的预设。将鼠标指针停留在调整预设中各预设的缩略图上，画面中会展示预览效果，非常直观。这里挑选"阳光"预设，单击两次，让效果加重，如图4-63所示。

图4-63

原素材与最终效果对比如图4-64所示。

技巧提示

AI生成的内容总是有一些不易察觉的瑕疵。读者要记得时常放大视图，根据画面去分析生成内容是否

合理。有些内容在逻辑上与整体画面不符，"站不住脚"的内容可以直接移除掉。可以使用创成式填充，用文本生成图像再生成新的AI内容去融合、遮挡。

图4-64

4-7 移除人群

在热闹的风景区，尤其是在节假日，拍摄的照片中难免会带有拥挤的人群。自从Photoshop嵌入AI功能之后，我们就可以使用创成式填充＋移除工具/修复类工具＋图层蒙版这个组合来高效、精准地移除人群并精修场景。

AI移除并生成新场景

01 打开"第4章\4-7候鸟\4-7-素材.jpeg"图片，我们需要移除画面内的人群。按L键切换到套索工具，圈选画面下部的人群，注意要将护栏上的物品也一并选中，如图4-65所示。在上下文任务栏中单击"创成式填充"按钮，再单击"生成"按钮。

图4-65

得到的结果如图4-66所示。

要的，下面需要组合这两个画面内容。

图4-66

图4-69

02 多次单击"生成"按钮，让AI生成多个内容，以供挑选，如图4-67所示，AI生成了护栏来匹配画面。

图4-67

图4-70

03 这里挑选图4-68所示的内容，虽然现实中并不是这样的铁栏杆，但是护栏整体的走势与海面效果都是符合现实的。下一步可以在此基础上继续生成护栏。

图4-71

图4-68

图4-72

04 重复按Shift+L快捷键，直到切换到多边形套索工具 ，沿着护栏外围创建三角形选区，选中画面左下角的护栏，如图4-69所示。多边形套索工具的使用方法为，只需在每个顶点处单击，最终闭合即可创建多边形选区。
05 创建选区后，在上下文任务栏处单击"创成式填充"按钮，输入提示词"stone guardrail"，如图4-70所示，然后单击"生成"按钮，利用AI生成石头护栏。
06 多次单击"生成"按钮，从多个内容里挑选两个。图4-71中的灯柱和图4-72中的整体石头护栏是我们想

在图层蒙版中合成AI内容

07 利用图层蒙版合成两个画面内容。首先在"图层"面板上选中刚生成的图层，命名为"Stone guardrail"，按Ctrl+J快捷键复制该图层。在刚复制的图层上右击，从弹出的快捷菜单中选择"转换为图层"命令，将生成式图层转换为普通图层，如图4-73所示。

图 4-73

08 转换为普通图层后，生成的所有内容都放置在一个单独的图层组内，可以通过左侧的眼睛图标开启或关闭其显示状态，如图 4-74 所示。单击"stone guardrail"的图层左侧眼睛图标，关闭其显示。

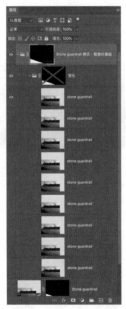

图 4-74

09 删除多余的图层，只保留之前挑选的两个内容的图层，并为其重命名。"001"图层是护栏效果令人满意的内容，为其添加图层蒙版，用于后面的合成操作，如图 4-75 所示；"002"图层是灯柱效果令人满意的内容，如图 4-76 所示。

10 关闭"001"图层的显示，选中"002"图层，按 W 键切换到对象选择工具，框选灯柱，AI 会自动识别并

沿着灯柱边缘创建选区，如图 4-77 所示。也可以稍等一下，将鼠标指针移至灯柱上，画面自动变成红色时，单击即可选中灯柱。

图 4-75

图 4-76

图 4-77

11 保持选区处于激活状态，同时开启"001"图层的显示，并单击图层蒙版缩略图。按 B 键切换到画笔工具，按 D 键设置前景色为黑色，按数字键 0 设置"不透明度"为 100%，按【和】键调整画笔大小，在图层蒙版内绘制黑色，屏蔽选区内的内容，以显示"002"图层中的灯柱，如图 4-78 所示，蒙版绘制完成后，单击图层缩略图，返回图层状态。

图4-78

12 按Shift+W快捷键切换到快速选择工具 ，将灯柱下方护栏上面的石头选中，如图4-79所示。在上下文任务栏中单击"创成式填充"按钮，单击"生成"按钮，利用AI移除多余的石头。

图4-79

13 在生成的内容里挑选满意的，更改图层名为"移除石头"，如图4-80所示。

图4-80

移除+克隆细节

14 按Ctrl+Shift+N快捷键创建新图层，将其重命名为"细节修复"，并拖动该图层到所有图层的上方，如图4-81

所示。不要创建在图层组内，要确保修复可以影响所有图层。

15 按J键切换到移除工具 ，按Ctrl++快捷键放大视图，按【和】键调整画笔大小，在灯柱有缺陷的地方进行涂抹，恢复缺失的内容，如图4-82所示。

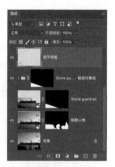

图4-81

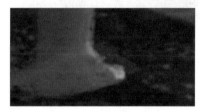

图4-82

16 使用移除工具涂抹多出的投影，移除投影，如图4-83所示。

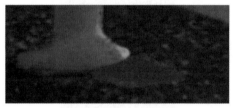

图4-83

17 在灯柱扭曲的边缘进行涂抹，拉直灯柱，如图4-84所示。注意，如果要拉直灯柱，涂抹在灯柱内侧的笔触要窄一些，涂抹在灯柱外侧的要宽一些。

图4-84

18 涂抹灯柱外侧多出的内容，如图4-85所示，按Enter键移除。

图4-85

19 其他区域有明显的瑕疵，继续使用移除工具移除，如图4-86所示。

图4-86

20 保持选中"细节修复"图层，按S键切换到仿制图章工具，利用仿制图章工具取样的功能修复灯柱底座。放大视图到灯柱底座，按【和】键调整画笔大小，设置"不透明度"为50%~100%，取样底座的现有内容，按照底座的形状小心绘制，如图4-87所示。

图4-87

修复前后的效果对比分别如图4-88、图4-89所示。

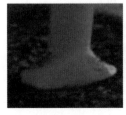

图4-88

图4-89

技巧提示

仿制图章工具的使用分为两个阶段：取样、绘制取样区域的内容。仿制图章工具的使用技巧就是画笔大小、不透明度的合理组合。100%的不透明度可以克隆出清晰的画面，降低不透明度可以使克隆的内容与周围区域融合得更自然。

21 使用仿制图章工具修复完成后，得到了清晰的底座，但是阴影处过于明亮，需要加重该区域。按Ctrl+Shift+N快捷键创建新图层，并将其重命名为"阴影"。按B键切换到画笔工具，按D键设置前景色为黑色，按数字键1设置"不透明度"为10%，按】键放大画笔，在底座阴影处绘制，加重阴影区域，如图4-90所示。

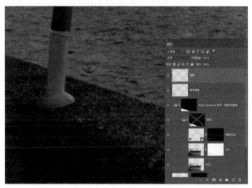

图4-90

一键调整色调

22 执行"窗口\调整"菜单命令，打开"调整"面板，在调整预设内选择"人像-明亮"预设，提亮整体画面，如图4-91所示。

图4-91

23 在调整预设内选择"风景-凸显色彩"预设，完成最终作品。图4-92中从左到右依次为原图、应用"人像-明亮"预设的图片、应用"风景-凸显色彩"预设的图片。

图4-92

4-8 修复烟雾缭绕的寺庙

本节重点讲述如何搭配使用移除工具和仿制图章工具来修复细微且复杂的场景。打开"第4章\4-8香炉\4-8素材.jpeg"文件，这是一张在寺庙拍摄的香炉照片。因为总是有络绎不绝的人，导致无法拍到完全没有人的照片。所以我们需要借助Photoshop来移除照片内的人，综合使用创成式填充、移除工具和仿制图章工具来完成以往看起来很复杂且不可能完成的任务。

AI移除修补

01 按L键切换到套索工具，按住Shift键的同时圈选香炉旁边的游客，如图4-93所示。

图4-93

在上下文任务栏中单击"创成式填充"按钮，再单击"生成"按钮，移除选中的两个人，效果如图4-94所示。

图4-94

对比生成的内容，挑选出图4-95所示的内容，其右侧护栏形状较好，便于后期修复。

图4-95

02 按Ctrl++快捷键放大视图，并按住空格键平移视图到画面中间，可以看到铁架的结构并不明显，比较容易看出合成的痕迹，如图4-96所示。如果压缩图片，输出到手机端，问题不大；但若要用在对图片要求较高的平面设计中，就需要继续修复。

图4-96

03 使用套索工具将不清晰的铁架选中，如图4-97所示。

图4-97

在上下文任务栏中单击"创成式填充"按钮，再单击"生成"按钮，利用AI重新创建内容。多生成几次，在生成的第4个内容中，香的形状比较清晰，如图4-98所示。

在生成的第1个内容中，铁架的形状比较好，虽然也有些缺失，但适合使用仿制图章工具修复，如图4-99所示。

图 4-98

图 4-99

使用仿制图章工具修复

04 保持选中第1个内容，按Ctrl+Shift+N快捷键创建新图层，将其重命名为"精修细节"，先修复铁架。按S键切换到仿制图章工具 ，设置"不透明度"为40%~60%，按住Alt键在右侧完好的铁架处取样，如图4-100所示，随时按【和】键调整画笔大小，一点点地修补铁架。

图 4-100

05 在烟雾多的区域，降低不透明度到10%~40%，注意逐步克隆出铁架形状，如图4-101所示。

图 4-101

图层蒙版合成

06 合成香火。选中"生成式图层2"，按Ctrl+J快捷键复制图层，拖动复制得到的"生成式图层2拷贝"图层到所有图层的上方。选中图层缩略图，在"属性"面板找到第4个内容或在上下文任务栏中单击左右箭头找到第4个内容，如图4-102所示。

图 4-102

07 选中图层蒙版，按D键设置前景色为黑色，按Alt+Delete快捷键填充黑色到蒙版，屏蔽掉图层上的所有内容。按住Shift键的同时单击图层蒙版缩略图，关闭图层蒙版的显示。按W键切换到对象选择工具 ，将鼠标指针移至画面上，稍等片刻，鼠标指针下的内容自动显示为红色，配合Shift键逐一选中几根清晰的香，如图4-103所示。

图 4-103

08 按住Shift键的同时再次单击图层蒙版，重新显示图层蒙版。因为蒙版的作用，此时该图层没有任何内容显示。保持选区处于激活状态，按D键后再按X键，设置前景色为白色，按Alt+Delete快捷键填充白色到蒙版中。此时画面中会显示前面选中的那些较为清晰的香，如图4-104所示。按B键切换到画笔工具，设置不透明度和画笔大小，使用黑色去除不需要的内容，使用白色添加内容，降低画笔的不透明度来融合画面。

09 调整铁架和香前后的对比效果如图4-105所示。

10 修补好铁架后，选中"生成式图层2拷贝"图层并右击，在弹出的快捷菜单中选择"栅格化图层"命令，将生成式图层转换为普通图层，如图4-106所示。这样做的好处就是减小文档大小,提高制作时的响应速度。"栅格化图层"命令直接将当前显示的内容栅格化,不保留其他内容,注意它与"转换为图层"命令的区别。

图 4-104

图 4-105

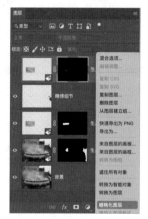

图 4-106

利用AI创建天空

11 放大视图并平移到画面右上角的天空处,按Shift+W快捷键切换到快速选择工具 ✏,选中天空区域,包括

远处的楼房,如图4-107所示。

图 4-107

12 在上下文任务栏中单击"创成式填充"按钮,输入提示词"the blue sky in winter",利用AI创建冬日蓝天,单击"生成"按钮,如图4-108所示。

图 4-108

13 多次单击"生成"按钮,生成多个内容,如图4-109所示。

图 4-109

14 保持选中生成式图层,我们可以随时在上下文任务栏内修改提示词,修改为"the gloomy sky in winter",让AI生成冬日阴霾的天空,如图4-110所示。

图4-110

15 这里还是挑选"冬日蓝天"效果，按Ctrl+J快捷键复制生成式图层，并修改图层名为"sky 拷贝"，如图4-111所示。

图4-111

16 可以很直观地发现，屋檐上的两个脊兽外形都被AI模糊掉了，需要修复。在"图层"面板中选中最下方的"背景"图层，按Shift+W快捷键切换到对象选择工具 🔲，配合Shift键，在屋檐上拉出选框，同时选中两个脊兽和建筑区域，如图4-112所示。

图4-112

17 在"图层"面板中再次选中"sky 拷贝"图层，单击

图层蒙版缩略图，进入蒙版。按D键设置前景色为黑色，背景色为白色，按Alt+Delete快捷键填充前景色到蒙版选区中，屏蔽AI创建的内容，恢复屋檐上两个脊兽的原有外形，效果如图4-113所示。

图4-113

18 AI在脊兽形状外生成了多余的内容，需要分别进行处理。左侧的脊兽因为背景是蓝天白云，所以使用仿制图章工具来修复。按S键切换到仿制图章工具，按数字键0设置"不透明度"为100%，按Ctrl+Shift+I快捷键进行反向选择，此时选中的是天空部分，任何操作都不会影响脊兽。不要忘记，单击图层缩略图，确保在图层内容下工作。按住Alt键在瑕疵附近取样，并克隆修复瑕疵，如图4-114所示。

图4-114

19 因为背景有树枝和白云，所以右侧脊兽的修复要稍微复杂一些。单击"sky 拷贝"图层的图层蒙版缩略图，进入蒙版。按B键切换到画笔工具，按D键设置前景色为黑色，保持选区状态，沿脊兽外形涂抹，屏蔽图层上的瑕疵，显示出"背景"图层的内容，如图4-115所示。

20 屏蔽瑕疵内容后，因为显示出了原有内容，造成与AI生成的内容不匹配，所以产生了"白边"，使用移除工具来修复和融合。按Ctrl+Shift+N快捷键创建新图层，

将其重命名为"去白边"。按J键切换到移除工具，按
【和】键调整画笔大小，沿外形小心涂抹，然后按Enter
键去除白边，如图4-116所示。

图4-115

图4-116

修复完的结果如图4-117所示。

图4-117

这里解释一下以上操作的思路，因为AI生成蓝天的
时候把两个脊兽的外形改变了并在周围添加了新的内容，
所以导致脊兽本身的外形有"不足"，有些形状丢失了，
而且还有新的内容添加到了形状旁边。

（1）外形丢失：使用原有形状创建选区，同时依据
蒙版——填充黑色来屏蔽AI创建的内容，恢复原有形状。

（2）多余的内容：左侧的脊兽由仿制图章工具修复，
右侧的脊兽因为背景较为复杂，使用蒙版来屏蔽AI创建
的内容。

（3）出现新的问题——白边：使用移除工具融合所
有内容。

Photoshop中新加入的"天空替换"命令（执行"编
辑\天空替换"菜单命令），可以一键执行天空替换的操
作，相比AI生成的内容，它不会造成前景元素的丢失，
详细内容后面章节会专门介绍。

用移除工具+仿制图章工具修补护栏

21 修补右侧护栏。按Ctrl++
快捷键放大视图，按住空格
键平移视图到画面右侧。移
除右侧人物后，画面内容有
些不匹配护栏结构，需要进
行修补，如图4-118所示。

22 保持选中"精修细节"图
层，确保所有的修补操作都
在空白图层上进行。按J键切
换到移除工具，在需要校正

图4-118

的区域涂抹，确保涂抹区域大于移除部分，如图4-119
所示。

图4-119

23 根据移除的结果（见图4-120）来决定如何进行下一
步的操作。逐步将护栏的结构补好，如图4-121所示。

图4-120

图4-121

24 使用移除工具,将线条拉直,如图4-122所示。

25 重复按Shift+L快捷键,直到选中多边形套索工具 ,沿着护栏垂直方向创建多边形选区,如图4-123所示。

26 按Shift+W快捷键切换到快速选择工具 ,按住Alt键在香炉处单击,减去香炉区域,如图4-124所示。

图4-122

 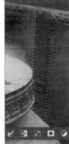

图4-123 图4-124

27 按Ctrl+H快捷键隐藏选区,便于在修复过程中查看边缘。按S键切换到仿制图章工具,按住Alt键在右侧修复好的凹槽区域取样,调整画笔大小,修补画面,如图4-125所示。

图4-125

修复后的结果如图4-126所示。

图4-126

28 按J键切换到移除工具,将不协调的线条修复整齐,如图4-127所示。

图4-127

29 利用移除工具校正线条是非常强大、有效的功能。以往很难修复的砖缝、墙角线、护栏等,现在使用移除工具可以放心、大胆地快速校正。图4-128所示为使用移除工具对整个护栏进行"修复"处理。

图4-128

合成烟雾效果

30 护栏处靠近香炉的区域因为之前被人物所遮挡,所以少了烟雾的影响,显得不够真实,可使用创成式填充利用AI进行融合处理。按L键切换到多边形套索工具，在需要有烟雾缭绕的区域创建选区，如图4-129所示。

图 4-129

31 在上下文任务栏中单击"创成式填充"按钮，单击"生成"按钮，利用AI对图像内容进行融合处理。在生成的多个内容中挑选最真实的，如图4-130所示。

图 4-130

32 按Ctrl+Shift+N快捷键创建新图层，使用移除工具修复明显的瑕疵，如图4-131所示。

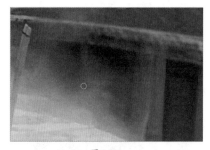

图 4-131

33 感觉当前烟雾效果偏弱，需要继续增加烟雾。使用套索工具选中护栏颜色较深的区域，在上下文任务栏中单击"创成式填充"按钮，单击"生成"按钮，如图4-132所示。

34 在AI生成的多个内容里挑选最满意的，如图4-133所示。

图 4-132

图 4-133

提高画面质量

35 移除了画面右侧的人物，AI重新计算后生成的内容导致右侧的屋顶有些模糊。查看Adobe官网说明，当前AI生成的最大像素是1024×1024，超过该范围会导致画面模糊。要想得到清晰的画面，就需要让AI重新进行计算。当前的图层数已经不少，为了便于后面的制作，需要整理下"图层"面板，为每个图层重命名以便于区分，如图4-134所示。

36 根据调整、修复的不同区域进行分组，配合Ctrl或Shift键在"图层"面板中选中多个图层，按Ctrl+G快捷键编组并命名，如图4-135所示。

图 4-134

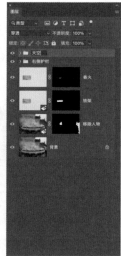

图 4-135

37 整理完"图层"面板后，按M键切换到矩形选框工具 ▣ ，在上方工具属性栏处设置宽度和高度的比例为1：1，在画面模糊的区域拉出正方形选区，注意要同时框选清晰和模糊的区域，如图4-136所示。

图4-136

38 在上下文任务栏处单击"创成式填充"按钮，单击"生成"按钮，重新生成内容。这次生成的内容就变得清晰很多，如图4-137所示。

图4-137

39 使用套索工具创建选区，如图4-138所示，使用创成式填充利用AI重新计算生成清晰的内容。

图4-138

重新生成前后画面的对比如图4-139所示。

将创成式填充重新生成的内容编组并命名为"瓦"。

技巧提示

目前，Photoshop（Beta）中创成式填充内容的最高分辨率为1024像素×1024像素。因此，如果生成内容的

分辨率大于这个分辨率，就会造成画面模糊。

（1）输出要求。在实际工作中，要关注最终作品的输出要求，是印刷成册，还是发布到移动设备、网站上。匹配输出要求，使用创成式填充时尽量不要让图片尺寸过大。除了避免出现画面模糊的问题，也要考虑处理速度的问题。

（2）要仔细检查AI生成的内容，如果需要用到高清画质，可以如前面所说，小范围地再次生成新的AI内容。

（3）综合使用Photoshop提升画质。可以利用仿制图章工具去克隆画面中的高画质区域，也可以对不重要的区域采用模拟镜头模糊的方法进行处理。

图4-139

总之，对于AI生成的内容，要放大视图并仔细检查，如果有瑕疵，需要综合使用Photoshop去处理。

克隆护栏上的雕塑

40 右侧护栏还缺一个雕塑，需要手动恢复。按Ctrl++快捷键放大视图，平移到左侧雕塑处。按Shift+W快捷键切换到快速选择工具，大致选中雕塑，尽量保证上部的圆形外形精准，如图4-140所示。使用快速选择工具和对象选择工具，加上各种强大的修复工具和AI功能，可以快速创建选区。

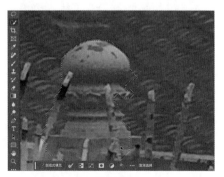

图4-140

41 在"图层"面板中选中最下方的"背景"图层，按Ctrl+C快捷键复制雕塑内容。因为雕塑内容在"背景"图层，所以需要选中"背景"图层才能复制相应内容，如图4-141所示。

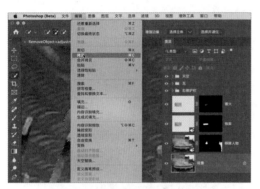

图 4-141

42 按Ctrl+V快捷键粘贴内容到新图层，在"图层"面板中将新图层拖曳到顶端，如图4-142所示。

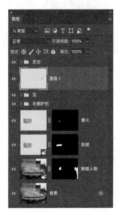

图 4-142

43 按Ctrl+T快捷键调出自由变形框，将鼠标指针移至任一顶点外，待鼠标指针切换成旋转图标，旋转图片，如图4-143所示。

图 4-143

44 按J键切换到移除工具，将雕塑上的香去除，如图4-144所示。

图 4-144

45 按Shift+L快捷键切换到多边形套索工具，选中多余的内容，如图4-145所示，按Delete键删除。

46 按J键切换回移除工具，按【键缩小画笔，继续使用移除工具处理细节，如图4-146所示。

图 4-145

图 4-146

47 利用移除工具修复顶部球体的边缘，如图4-147所示。

图 4-147

在"仿制源"面板中克隆对称内容

48 执行"窗口\仿制源"菜单命令，打开"仿制源"面板，单击"水平翻转"按钮，可以对称克隆，如图4-148所示。

49 按住Alt键在雕塑缺失角对称的一面取样，在缺失的区域中绘制，可以看到十字光标在对称的区域取样，如图4-149所示。

图4-148

图4-149

50 按J键切换到移除工具，将雕塑顶部的瑕疵移除，如图4-150所示。

图4-150

51 修复完成后，要对雕塑进行色调处理，当前色调过于明亮，需要加重阴影区域。按Ctrl+Shift+N快捷键新建图层并命名为"加重"，如图4-151所示。

图4-151

52 按Ctrl+-快捷键缩小视图，或直接按Ctrl+0快捷键适合屏幕显示全景，便于观察效果。按B键切换到画笔工具，按数字键1降低"不透明度"到10%，按】键放大画笔，在雕塑阴影区域进行绘制，加深阴影区域的色调，如图4-152所示。

图4-152

53 整理"图层"面板，将跟雕塑有关的图层放在同一个图层组中，命名为"雕塑"，便于管理，如图4-153所示。

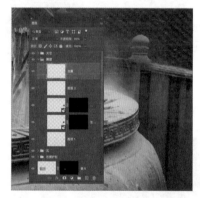

图4-153

移除烟雾中的层架

画面左侧的烟雾中有一个层架，如用传统方式移除，会大费周折，且很难移除。现在有了AI，用创成式填充+移除工具+仿制图章工具可以快速、完美地移除层架。

54 按Shift+L快捷键切换到套索工具，圈选层架，如图4-154所示。

55 在上下文任务栏中单击"创成式填充"按钮，再单击"生成"按钮，利用AI移除层架，如图4-155所示。

56 反复单击"生成"按钮，多次生成内容并选择移除效果最佳的内容。继续使用套索工具选中新生成的多余内容，如图4-156所示。在上下文任务栏中单击"创成式填充"按钮，再单击"生成"按钮，移除新生成的多余内容。

93

图 4-154

图 4-155　　　　　　　图 4-156

57 使用套索工具圈选过暗的区域，利用AI技术使该区域与烟雾进行融合，如图4-157所示。

图 4-157

58 在生成的多个内容里进行挑选，选择与烟雾融合最好的内容，如图4-158所示。

图 4-158

59 使用套索工具将墙面上趋于黑色的烟雾和淡淡的烟雾圈选在一起。在上下文任务栏中单击"创成式填充"按钮，再单击"生成"按钮，如图4-159所示，融合两部分内容。

图 4-159

60 多次使用创成式填充后，烟雾整体已经初具规模，剩下的靠近香炉的部分使用仿制图章工具进行手动修复。按Ctrl+Shift+N快捷键创建新图层，命名为"烟雾修复"，如图4-160所示。

图 4-160

61 按S键切换到仿制图章工具，按数字键5降低"不透明度"到50%，放大画笔，在墙面上的白色烟雾处取样，在黑色区域进行绘制，如图4-161所示。需要覆盖掉黑色区域时，可设置50%~80%的不透明度；需要融合边缘时，设置10%~40%的不透明度且要放大画笔。

图 4-161

注意一定要有耐心，绘制过程中若出现不满意的地方，可以按Ctrl+Z快捷键撤销操作，也可以清空整个图层，重新绘制。最终效果如图4-162所示。

图4-162

使用移除工具修复缺口

62 放大视图可以发现香炉的左下方有一个缺口，如图4-163所示。

图4-163

63 按J键切换到移除工具，按【和】键调整画笔大小，在缺口处绘制，如图4-164所示。

图4-164

移除工具完美地修复了该缺口，如图4-165所示。

图4-165

使用"曲线"调整图层校色

64 在Photoshop中，"曲线"调整图层看似简单实则强大。本书不展开详细讨论，感兴趣的读者可自行了解。这里将最常用的S形曲线调整应用到画面中。

在"图层"面板底部单击"创建新的填充或调整图层"按钮，在弹出的下拉菜单中选择"曲线"命令，如图4-166所示。

65 在"属性"面板中，单击"自动"按钮，由Photoshop自动校正色调。Photoshop给出的结果就是最常见的S形曲线，提高右上方的关键点以提亮高光区域，降低左下方的关键点以加重阴影区域，如图4-167所示，这样就拉大了整个画面的色彩范围，使得画面更加聚焦中心。

 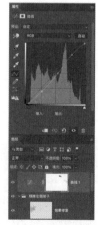

图4-166　　　　　　　　图4-167

原素材与最终效果的对比如图4-168所示。

案例小结

本案例侧重于实用性，完成了以往不可能完成的修复任务。有以下几点值得我们回顾。

（1）创成式填充的反复使用。在修复层架恢复烟雾效果时，反复使用AI技术去移除和融合。

图4-168

（2）不论是创成式填充还是移除工具，都是在原有基础上"叠加"生成新的内容，所以制作次序和图层顺序显得很重要。

（3）移除工具可以非常完美地修补各种缺口。但是要注意，反复使用该工具会降低画面质量，配合仿制图章工具使用可以解决很多难题。

（4）创成式填充生成的新内容如果画质偏低，可以缩小范围再次生成。

4-9 修复合影

下面的案例是使用创成式填充移除合影中的某个人，移除后使用移除工具、创成式填充进行细节恢复。质感需要使用仿制图章工具通过取样来恢复。

移除右侧的小女孩

01 打开"第4章\4-9合影\4-9-素材.jpeg"文件，需要移除画面右侧的小女孩。使用套索工具圈选小女孩，选区略大于小女孩区域，如图4-169所示。

图4-169

02 在上下文任务栏中单击"创成式填充"按钮，再单击"生成"按钮，如图4-170所示。

03 创成式填充使用AI将右侧的小女孩移除了，生成的

内容（部分）如图4-171和图4-172所示。在生成的内容里挑选背景更简洁的第3张图片，读者可根据个人的看法来选择不同的内容。

图4-170

图4-171

图4-172

04 按Ctrl++快捷键放大视图，可以看到填充的内容比较模糊。按Ctrl+1快捷键，在100%视图下，就能看到一些模糊的区域，如图4-173所示。

05 使用套索工具圈选肩膀处比较模糊的区域，如图4-174所示，然后使用创成式填充再次生成新的内容。

06 生成后的内容的清晰度好了很多。在多个生成内容里挑选自己满意的，如图4-175所示。

07 反复调整视图，仔细查看细节。先处理肘关节处的"白边"。按Ctrl+Shift+N快捷键创建新图层，命名为"移

除"。如果选中生成式图层，则无法使用涂抹工具。按J键切换到移除工具，放大视图调整到适合涂抹的状态，按【和】键调整画笔大小，在白边处小心涂抹，如图4-176所示。视图调整非常关键，只有调整到合适的视图下，才能快速、准确地涂抹。

图 4-173

图 4-174

图 4-175

图 4-176

08 涂抹完成后，按Enter键进行移除操作，效果如图4-177所示。

图 4-177

09 继续使用移除工具移除身体外侧的白边，具体操作与前面一样，如图4-178所示。我们可以发现移除工具不仅移除了白边，还将线条重新清晰地描绘了一遍。

图 4-178

10 移除后，可以对线条进行重新绘制。在需要修复的线条处涂抹，移除工具会使用AI重新绘制线条，效果如图4-179所示。

图 4-179

去除白边的前后效果对比如图4-180所示。

铺在草地上的蓝布靠近人物的区域有一块凸起，虽然不能说是错误的，但也觉得有些生硬，如图4-181所示。

图 4-180

图 4-181

11 使用移除工具去除。涂抹的区域与右侧边缘大致齐平即可，如图 4-182 所示。

图 4-182

12 剩下的有瑕疵的区域继续使用移除工具移除即可，效果如图 4-183 所示。记得随时放大视图和调整画笔大小，以便于涂抹。

校正拉直蓝布的边缘

13 在弯曲的部分使用移除工具涂抹，还是要合理调整视

图，并控制画笔大约为边缘线条宽度的两倍，如图 4-184 所示。

图 4-183

图 4-184

14 弯曲严重的部分也使用同样的方法处理，如图 4-185 所示。

图 4-185

15 如果对得到的结果不满意，按 Ctrl+Z 快捷键撤销操作，重新校正。修复平整的蓝布如图 4-186 所示。

图 4-186

16 按 Ctrl+1 快捷键，在 100% 视图下查看结果是否令人满意。如果想在肩部区域清晰地展示出布料材质，可以按 S 键切换到仿制图章工具 ，按住 Alt 键的同时，在布料材质清晰的区域取样。按 Ctrl+Shift+N 快捷键创建新图层，按数字键 0~9 来调整不透明度，让效果显得更加逼真，如图 4-187 所示。

图 4-187

图 4-189

技巧提示

仿制图章工具的操作技巧：放大视图，随时取样，调整画笔大小和不透明度，仔细地涂抹。使用仿制图章工具，首先要分清楚取样和绘制区域的色调，将暗部的材质克隆到亮部会很不协调；其次要将不透明度设置好，可以让克隆的材质与现有内容完美地融合；最后要耐心，不要幻想一次性就处理好。

原素材与最终效果的对比如图 4-188 所示。

图 4-190

18 按 Ctrl+J 快捷键复制"移除人物"图层，选中复制得到的图层并右击，在弹出的快捷菜单中选择"转换为图层"命令，如图 4-191 所示。

图 4-188

通过生成内容+图层蒙版来修复草地

下面介绍另外一种方法来修复草地上蓝布凸起的区域：借助 AI 生成的两个不同内容和图层蒙版来进行合成。

17 把前面由创成式填充生成的图层重新命名，以便于区分。将去除小女孩的图层重命名为"移除人物"，将提高肩膀处清晰度的图层重命名为"肩膀"。选中"移除人物"图层的缩略图，在"属性"面板中切换不同的变化内容，可以看到第2个内容的蓝布并没有凸起，如图 4-189 所示，可以将这一块内容合成到前面选中的第3个内容上。

切记，当切换到其他变化内容时，整个画面的合成就完全"走样"了。因此查看完成后，最好将内容切换回第3个，如图 4-190 所示。

图 4-191

19 转换图层后，生成式图层变成了普通的图层，不能再进行"生成"操作。因此必须复制图层后再操作，确保以后随时可以使用生成式图层。展开图层组，删除不需要的第1个图层，如图4-192所示。

图4-192

20 按W键切换到快速选择工具▨，将凸起区域选中，可以多选择靠近身体处的区域，如图4-193所示。

图4-193

21 按住Alt键的同时单击"图层"面板底部的"添加图层蒙版"按钮，将所选区域加入蒙版的可见区域。如果创建的蒙版是反相的，可以单击图层蒙版缩略图（记住是蒙版缩略图不是图层缩略图），然后按Ctrl+I快捷键将黑白反相。按B键切换到画笔工具▨，按D键切换前景色为黑色，按【和】键调整画笔大小，按数字键0~9调整不透明度，将画面上多余的内容屏蔽掉，如图4-194所示。

图4-194

22 在边缘交界处放大视图，重新调整画笔大小，耐心处理，如图4-195所示。

图4-195

23 借助AI生成的两个不同内容，配合图层蒙版进行合成，如图4-196所示。

图4-196

技巧提示

以上两种修复方法，读者可根据实际情况及个人喜好来选择。使用移除工具或其他修复类工具修复是在现有内容的基础上进行的。借助AI生成内容+图层蒙版来进行合成，是通过组合不同的内容来得到想要的结果的，同时发挥AI和Photoshop的强大功能。因此，我们每次审视AI生成内容时，可以从多个角度去思考。

4-10 移除遮挡面部的手和手臂

创成式填充可以借助AI完成更加复杂的后期修复工作，比如接下来要介绍的移除遮挡面部的手和手臂，并还原面部。创成式填充可以一次性移除遮挡面部的手和手臂，但是要让结果趋于逼真，就要综合使用Photoshop的其他工具来修复。

移除手和手臂

01 打开 "第4章\4-10移除手臂\4-10-素材.jpeg" 文件，这是一张遮挡了半边脸的人物正面照片。按 L 键切换到套索工具，将遮挡面部的手、手臂和手下面的眼睛一并选中，选区略大于手、手臂和眼睛区域即可，如图4-197所示。

图 4-197

使用套索工具圈选时注意鼻子和牙齿区域尽量少选，不要把整个鼻子、牙齿区域都选中。时刻记得，Photoshop 中选区对于 AI 生成的结果非常重要。

02 在上下文任务栏中单击 "创成式填充" 按钮，单击 "生成" 按钮，一键移除手和手臂。切换 AI 生成的 3 个内容，挑选最满意的。3 个内容的整体效果都不错，分别如图4-198、图4-199、图4-200所示。

图 4-198

图 4-199

图 4-200

这里挑选图4-199，其中 AI 生成的眼睛形状更贴近另外一只眼睛，同时色调也更加匹配另外一半面部。但牙齿区域的瑕疵则比较明显。

技巧提示

在进行下一步操作前，先阐述下不同的选区对生成内容的影响。在移除手和手臂时，如果将被遮挡的眼睛排除在选区外，此时的选区如图4-201所示。

执行创成式填充移除手和手臂后，人物原先被遮挡的那只眼睛仍然紧闭着，如图4-202所示。通过对比前后两种情况，选区的重要性不言而喻。建议大家创建不同的选区来生成内容并进行对比，找出选区影响 AI 内容的规律。

图 4-201

图 4-202

按 Ctrl+Z 快捷键撤销操作，返回步骤2，选中 "生成式图层1" 的图层缩略图，调出 "属性" 面板，选中第2个变化内容，找回生成的内容，如图4-203所示。

图 4-203

改善画质

03 按Ctrl+1快捷键或双击缩放工具 ，将视图调整到100%状态。在图4-204中，可以明显地看出两只眼睛的清晰度差距较大。

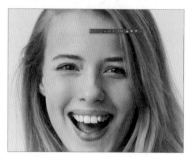

图4-204

04 按M键切换到矩形选框工具 ，在上方工具属性栏处设置"宽度"和"高度"均为1024像素。在画面中单击，创建大小为1024像素×1024像素的矩形选区。将鼠标指针移至选区中间，拖动选区覆盖画面右侧刚生成的眼睛，如图4-205所示。

图4-205

05 在上下文任务栏中单击"创成式填充"按钮，再单击"生成"按钮。通过AI再次生成，挑选第2个内容，画面质量有明显的改善，眉毛也清晰了许多，如图4-206所示。

图4-206

矫正牙齿

06 保持选中矩形选框工具，在画面上单击，再次创建大小为1024像素×1024像素的选区。将鼠标指针移至选区内部，拖曳选区到面部的右下方区域，包括刚生成的牙齿区域，如图4-207所示。在上下文任务栏中单击"创成式填充"按钮，再单击"生成"按钮，再次生成内容。

图4-207

再次生成的内容的效果不太理想。不过生成的牙齿比较整齐，可以用来替换之前的牙齿，如图4-208所示。

图4-208

07 在"图层"面板中选中刚生成的"生成式图层5"的图层蒙版，当前的背景色是黑色，按Ctrl+Delete快捷键填充背景色到图层蒙版，屏蔽掉所有区域。画面会显示下方图层的内容，即需要矫正的牙齿，如图4-209所示。

图4-209

如果此时前景色和背景色均不为黑色,按D键将前景色设置为黑色,按Alt+Delete快捷键填充前景色至图层蒙版。

08 按B键切换到画笔工具,此时前景色为白色,设置画笔大小,在画面右侧的牙齿处涂抹,恢复画面右侧的牙齿,如图4-210所示。

图4-210

09 修复牙龈区域时,放大视图并调整画笔大小,这样可以提高工作效率,如图4-211所示。

图4-211

修复前后的效果对比如图4-212所示。

图4-212

恢复鼻子的原样

10 因为再次使用AI生成了新的内容,所以鼻子的外形发生了改变,产生了些许变形。需要借助图层蒙版,将鼻子恢复到之前的状态。先整理下"图层"面板,将多余的图层删除,然后对图层进行重命名,根据图层内容分别重命名为"牙齿""眼睛"。按住Ctrl键的同时选中除"背景"图层以外的所有图层,按Ctrl+G快捷键编组,并命名为"AI修复"。整理"图层"面板是一个好的习惯,便于我们应对复杂的工作。单击"图层"面板上的眼睛图标,确定"眼睛"图层上的内容改变了鼻子的形状。选中"眼睛"图层的蒙版,按D键切换前景色为黑色,背景色为白色。按B键切换到画笔工具,按数字键0设置画笔的不透明度为100%,按】键放大画笔,如图4-213所示。

图4-213

上面一系列的设置其实非常简单,读者反复练习就能驾轻就熟。

11 在画面鼻头处涂抹,屏蔽掉当前图层的内容,显示下方图层中的鼻子,如图4-214所示。

图4-214

12 恢复完鼻子后,按数字键5设置画笔的不透明度为50%,在画面右侧小心绘制,让右侧画面过渡得更加自然,如图4-215所示。画笔的使用技巧就是用黑色、50%的不透明度去屏蔽现有内容,如果屏蔽过多区域,可按X键切换前景色为白色,设置30%左右的不透明度,恢复部分内容。

图4-215

绘制的过程中，可随时按数字键调整不透明度，以得到更加自然的过渡效果。所有的操作都是在蒙版内完成的，所以读者不必担心会破坏画面的内容，如图4-216所示。

图4-216

使用"液化"滤镜精修五官

13 想要细致地修复五官，可执行"滤镜\液化"菜单命令。按Ctrl+Alt+Shift+E快捷键合并当前所有可见图层并复制到新图层中，这一步操作是后期精修中常用到的，把当前所有可以看到的效果合并并复制到新图层中，如图4-217所示。当然也可以选中所有可见图层，将其转

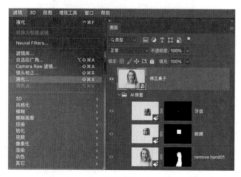

图4-217

换为智能对象来操作。不过智能对象会占用比较多的系统资源，不如使用Ctrl+Alt+Shift+E快捷键操作快捷。

14 在"液化"对话框中，可重新调整五官，如图4-218所示。这里并没有用"液化"滤镜去深入调整五官，感兴趣的读者可以尝试一下。

图4-218

精修面部

15 按Ctrl+Shift+N快捷键创建新图层，命名为"面部修复"。使用移除工具将脸上的斑点移除，如图4-219所示。

图4-219

16 按Ctrl+Shift+N快捷键创建新图层，命名为"加重"。按B键切换到画笔工具，按数字键1设置"不透明度"为10%，按【键放大画笔。在画面中使用画笔工具加重阴影区域，手动提升画面的对比度。绘制完毕后，在"图层"面板中将图层混合模式更改为"柔光"，如图4-220所示。

图4-220

修复前后的效果对比如图4-221所示。

图 4-221

案例小结

Photoshop的AI创成式填充具有不确定性,且每次生成的内容不尽相同。因此常常解决了一个大问题,会附带产生另一个小问题。我们不要执着于AI,综合利用Photoshop+AI快速解决问题是首选。本案例中移除了手和手臂后,如果不满意眼睛形状,可使用仿制图章工具将画面左侧的眼睛对称复制到右侧(传统方法),并进行融合。当然,这样做会花费较多时间。

4-11 模拟工作场景——按照客户要求进行修改

模拟工作场景,针对画面的瑕疵和不足,经过讨论后,客户提出的修改意见如下。

(1)画面右侧眼睛的眼白缺失,显得不够真实。

(2)右侧头发最好能遮盖部分脸颊。

(3)修掉眼部皱纹。

(4)增加皮肤质感。

在实际工作中,经常会遇到反复修改的场景。这时就考验我们的技术功底是否能够快速、反复地修改。下面我们就在原有基础上进行修改。

修补右侧脸颊

01 创建新文件,确保新的修改不影响旧的文件。毕竟修改多次后,最终却选定第一版也是常有的事。打开之前保存的PSD文件,将校正色调的那些图层删掉,只保留基本的"背景"图层和"AI修复"图层组。按Ctrl+Shift+N快捷键创建新图层并复制所有可见内容到新图层中,如图4-222所示。

图 4-222

02 在"图层"面板中删除"AI修复"图层组和"背景"图层,只保留刚复制得到的包含所有可见内容的新图层,重新命名为"AI背景",如图4-223所示,按Ctrl+Shift+S快捷键另存为新的PSD文件。

图 4-223

03 利用AI添加头发以改变发型。按L键切换到套索工具,沿着画面右侧的眼睛和脸颊勾勒出选区。在上下文任务栏中单击"创成式填充"按钮,输入提示词"blond hair",如图4-224所示,利用AI生成金发。

图 4-224

04 第一次生成的内容都有明显瑕疵，发型也不好看，而且后期还不好修复，如图4-225所示。

05 单击"生成"按钮，继续生成新的内容，挑选满意的内容，如图4-226所示。

图4-225   图4-226

技巧提示

实际工作中，与客户、同事、老板的沟通非常重要，从中不仅要了解大家对于美的标准和共识，还要了解行业特征。不同行业对于同一张图片的要求可谓有天壤之别。比如医药行业通常喜欢蓝色、白色，代表健康；运动品牌喜欢重彩、略带夸张的人物动作，这些都会影响到修图的大致方向。仅从个人的喜好出发，很难胜任工作。

06 再次使用AI融合画面。按Ctrl++快捷键放大视图，继续使用套索工具圈选画面右侧脸颊的阴影区域，需要融合这部分区域，让面部显得更加协调、真实。在上下文任务栏中单击"创成式填充"按钮，如图4-227所示，再单击"生成"按钮。

图4-227

07 在生成的内容里选择符合要求的，如图4-228所示。

08 按Ctrl+Shift+N快捷键创建新图层，命名为"右侧脸颊"。按J键切换到移除工具，放大视图，按【和】键调整画笔大小，在类似划痕的区域涂抹以进行移除和修复，如图4-229所示。

图4-228

图4-229

09 按S键切换到仿制图章工具，按数字键2设置"不透明度"为20%，调整画笔大小，在画面过渡不自然的区域附近按住Alt键取样并绘制，如图4-230所示。

图4-230

10 我们可根据实际情况，不断调整取样点、画笔大小和不透明度，绘制出过渡自然的效果，如图4-231所示。

图4-231

修补眼睛

11 放大视图并平移视图到眼睛处，画面右侧的眼球基本上是黑黑的一片，能够取样的区域只有画面左侧眼睛区域。按Ctrl+Shift+N快捷键创建新图层，命名为"眼球"。按S键切换到仿制图章工具，按数字键8设定"不透明度"为80%，按住Alt键在画面左侧眼睛的眼白处取样，如图4-232所示。

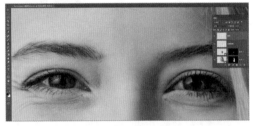

图4-232

12 执行"窗口\仿制源"菜单命令，打开"仿制源"面板，单击"水平翻转"按钮，进行对称克隆，如图4-233所示。

图4-233

13 在上方工具属性栏中可以设置画笔硬度，如图4-234所示。若"硬度"设置为0%，画笔会带有虚边，通常建议在修复时使用，更加便于绘制出自然过渡的效果；若"硬度"设置为100%，在克隆时方便创建出边缘效果。"硬度"设置根据克隆的阶段而调整。

图4-234

14 耐心克隆，不断调整画笔大小、不透明度和取样点，

逐步将画面右侧眼白克隆出来，如图4-235所示。

图4-235

15 使用同样的方法修复眼球上的反光，如图4-236所示。

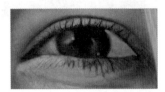

图4-236

16 按J键切换到移除工具，对瞳孔的形状进行校正，如图4-237所示。

图4-237

17 画面左侧的眼睛内有两道白线，使用移除工具进行移除并融合，如图4-238所示。

图4-238

18 使用移除工具时，要注意随时放大视图，调整画笔大小，这样修复的结果才能让人满意，如图4-239所示。

图4-239

⑲ 克隆完成后，适当降低"眼球"图层的不透明度到70%~80%，让眼白有些杂质，如图4-240所示；否则太清晰，就像贴上去的一张纸，不够真实。

图 4-240

⑳ 按Ctrl+0快捷键让画面匹配屏幕，整体检查是否还有不真实或有瑕疵的地方，如图4-241所示。

图 4-241

细节微调

㉑ 放大视图，检查有哪些区域还需要修复。画面右侧的眉毛处有多余的内容，使用移除工具进行移除，要记得新建图层后再操作，如图4-242所示。

图 4-242

㉒ 画面右侧额头和头发的阴影区域过重，且过渡不自然。借助AI进行融合，使用套索工具圈选该区域，在上下文任务栏处单击"创成式填充"按钮，再单击"生成"按钮，如图4-243所示。

㉓ 在生成的内容里挑选过渡自然的，确定后，选中生成式图层并右击，在弹出的快捷菜单中选择"栅格化图层"命令，如图4-244所示，将生成式图层转换为普通图层，减小文件大小。

图 4-243　　　　　　　图 4-244

㉔ 处理后的过渡效果明显好于之前，如图4-245所示。在"图层"面板中为图层重命名，便于后期管理。

图 4-245

去除面部皱纹和斑点

㉕ 按Ctrl+Shift+N快捷键创建新图层，命名为"细节修复"。使用移除工具移除面部的斑点，如图4-246所示。

图 2-246

26 使用移除工具移除画面左侧眼部的皱纹，如图4-247所示。

图4-247

27 使用同样的方法处理眼袋区域，如图4-248所示。注意，反复在同一个区域使用移除工具会导致画面质量下降。

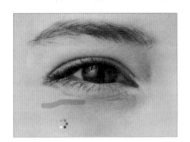

图4-248

28 画面右侧的眼袋区域使用创成式填充，利用AI来融合。使用套索工具圈选眼袋区域，在上下文任务栏中单击"创成式填充"按钮，再单击"生成"按钮，如图4-249所示。

图4-249

29 在生成的内容中挑选满意的，如图4-250所示。

图4-250

30 选中所有修复图层并按Ctrl+G快捷键编组，命名为"头发遮挡效果"。也可以在"图层"面板中将它们拖曳到"创建新组"按钮上，如图4-251所示。

增加皮肤质感

31 按Ctrl+Shift+Alt+E快捷键复制所有可见内容到新图层，如图4-252所示。

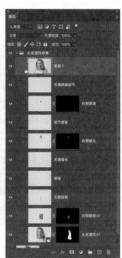

图4-251　　　　　图4-252

32 将新复制的图层重命名为"高反差保留"，并在"图层"面板上右击它，从弹出的快捷菜单中选择"转换为智能对象"命令，执行"滤镜\其他\高反差保留"菜单命令，如图4-253所示。

图4-253

33 在弹出的"高反差保留"对话框中，设置"半径"为2.0像素，如图4-254所示。"高反差保留"滤镜可以将画面内容的边缘查找出来，因此常用来锐化或增加质感。

34 将"高反差保留"图层的混合模式改为"线性光"，可以看到面部皮肤有了质感，如图4-255所示。

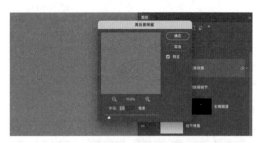

图 4-254

图 4-255

35 皮肤有了质感，但是眼睛区域又太过锐利，需要降低锐度。在"图层"面板中为"高反差保留"图层添加图层蒙版，将图层蒙版设置为黑色，屏蔽掉当前所有内容，如图 4-256 所示。新建的图层蒙版默认为白色，选中图层蒙版，按 Ctrl+I 快捷键反相即可得到全黑的蒙版。

图 4-256

36 按 B 键切换到画笔工具，按数字键 5 设置"不透明度"为 50%，按 】键放大画笔。按 D 键后再按 X 键，设置前景色为白色，在面部、鼻子、额头处涂抹，恢复皮肤的质感。随时调整不透明度，在画面左侧原有的内容上使用较低的不透明度，在右侧 AI 创建的区域内使用较高的不透明度来增加质感，如图 4-257 所示。

37 适当锐化画面右侧的眼睛区域，如图 4-258 所示。

38 绘制完成后，再次按 Ctrl+Shift+Alt+E 快捷键复制

所有可见内容到新图层，并重命名为"ACR 颗粒"，如图 4-259 所示，使用 ACR（Adobe Camera Raw）滤镜来增加颗粒感。

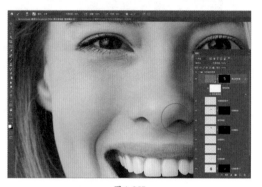

图 4-257

图 4-258

图 4-259

39 执行"滤镜\转换为智能滤镜"菜单命令，如图 4-260 所示，自动将图层转换为智能对象。

40 执行"滤镜\Camera Raw 滤镜"菜单命令，如图 4-261 所示。

41 在 Camera Raw 滤镜的对话框内的"效果"下，设置"颗粒"为 20，单击"确定"按钮，如图 4-262 所示。

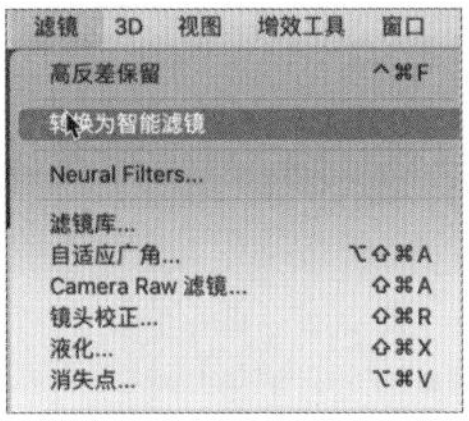

图 4-260 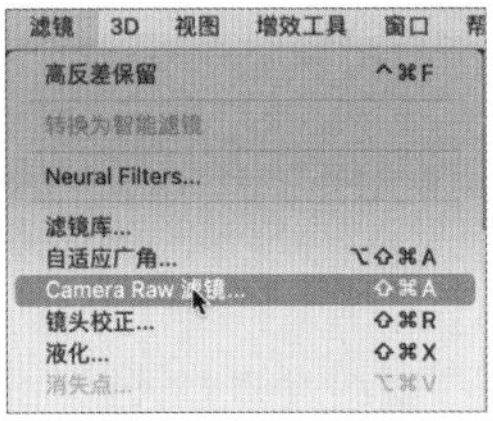   图 4-261

图 4-264

图 4-262

42 在"图层"面板中，按住Alt键的同时拖曳"高反差保留"图层的图层蒙版到"颗粒"图层，如图4-263所示，然后松开鼠标，复制图层蒙版到"颗粒"图层，这样就减少了反复绘制蒙版的操作，节约了时间。

图 4-265

图 4-266

46 按数字键6，降低图层的不透明度为60%；也可以在"图层"面板中降低不透明度，如图4-267所示。

图 4-263

整体调整

43 按Ctrl+Shift+N快捷键新建图层，重命名为"加重"。按B键切换到画笔工具，按数字键4设置"不透明度"为40%，放大画笔。按D键设置前景色为黑色，在"图层"面板中更改图层混合模式为"柔光"，在画面上按照阴影区域进行加重处理，如图4-264所示。

44 绘制头发时，要根据发型来绘制，这样得到的效果会更加自然，如图4-265所示。

45 绘制完成后，按Ctrl+0快捷键调整视图到适合查看的状态，感觉阴影处有点过重，如图4-266所示。

图 4-267

47 完成所有的修复后，查看修改前后的效果对比，如图4-268所示。

图4-268

可以在生成式图层上随时调出不同内容来选择。在不同内容的基础上得到不同的头发遮挡效果，如图4-269所示。

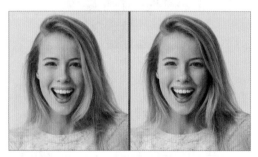

图4-269

案例小结

实际工作环境中，常常会有客户坐在你的旁边，此时就需要你手上动作非常熟练，时刻保持清醒的头脑，能够快速消化客户提出的想法并转换成制作方法。想要达到这种水平，在日常练习时，要养成好的习惯。有以下几点需要我们在平时练习时多加注意。

（1）所有操作尽量在新建的图层上进行，除非操作不支持空白图层；精通图层和蒙版的使用。

（2）熟练使用快捷键。

（3）随时放大/缩小视图，以仔细或全局查看内容。

（4）遇到奇怪的问题，不要慌，先检查各种状态：当前图层是否正确，图层蒙版状态，上方工具属性栏的设置，右击并查看弹出的快捷菜单中的设置。

每次制作我们都要严格要求自己，对于结果要精益求精，熟练操作，提高制作速度，假以时日定能轻松应对工作中的难题。

本章将详细讲解如何使用AI生成式扩展实现图片的扩展，同时综合使用Photoshop的移除工具、仿制图章工具等来达到合乎情理甚至天衣无缝的结果。有以下3点需要读者注意。

（1）没有任何一个工具是万能的，我们需要根据实际要求来分析当前图片内容，选择最合适的方法。

（2）扩展图片有一个传统的方法，选择主体，扩大图像，然后重新构建背景，最后将主体与背景融合。在本章的每一个案例中，建议大家都从传统方法的角度思考如何做出同样效果。

（3）要扩展一张图片，必须综合使用Photoshop。AI可以改变流程，提高制作速度，但关键时候还是需要使用Photoshop的传统工具。

在接下来的案例讲解中，希望读者时刻反复思考以上3点。下面介绍AI扩展图片的流程。

（1）使用裁剪工具或改变画布大小来扩展图片。

（2）选中空白处和一小部分原有图像的内容，使用创成式填充进行AI扩展。

（3）借助AI的移除功能，使用移除工具、修复类工具来修复新产生的瑕疵。

（4）可反复使用创成式填充，在AI生成内容的基础上，继续使用AI进行精细化处理。

在扩展过程中，一定要控制好文件大小，确保计算机运行流畅。过大的文件会拖慢Photoshop的处理速度，甚至导致无法正常运行。解决方法通常有以下3种。

（1）分阶段保存文件。比如扩展完背景，全部合并或转换为智能对象，另存为新文件，以进行下一步的修复工作。

（2）随时整理图层，没有必要保留的生成式图层，就进行栅格化处理。

（3）如果原图和扩展后的图片尺寸过大，且实际要求不需要那么大，可执行"图像\图像大小"菜单命令进行缩小。

在Photoshop（Beta）和Photoshop 2024中，裁剪工具的"填充"设置中新增了"生成式扩展"，可以让我们使用裁剪工具进行扩展裁切时执行AI生成式扩展，这样就省去了创建选区的时间。不过本章中，我们还是使用"背景（默认）"设置，如图5-1所示，后续将通过创建选区来自由地进行生成式扩展。

图 5-1

5-1 扩展人物发型

本节先通过最常见的扩展合影和人像照片来介绍使用AI扩展的流程。

01 打开"第5章\5-1-人像扩展\5-1-人像扩展.jpeg"文件，这是两个小孩玩耍的背影合照。原图在小孩的头部进行了裁剪，头顶丢失了部分内容，需要借助AI进行扩展。按C键切换到裁剪工具 ，在上方工具属性栏处设置比例为1：1，如图5-2所示。

图 5-2

02 在画面上按住Alt键的同时从中心扩展画布，调整到合适的尺寸后，按Enter键确定，如图5-3所示。

图 5-3

03 按M键切换到矩形选框工具，将空白处和原图少部分的内容框选住，创建选区。在上下文任务栏中单击"创成式填充"按钮，如图5-4所示，再单击"生成"按钮。

图5-4

04 AI会自动根据当前画面分析并计算出要填补区域的内容。在生成的3个内容里，挑选第2个内容，如图5-5所示。

图5-5

05 放大视图，检查AI生成的内容，如图5-6所示。可以明显地看到新生成的头发与原发型并不匹配，同时画质也较差。

图5-6

技巧提示

通常会先按Ctrl+1快捷键检查100%状态下内容的清晰度，再按Ctrl++快捷键放大视图到200%~300%以检查细节，最后按Ctrl+0快捷键返回到整个画面适合屏幕的状态，查看整体效果。根据图片大小的不同，按Ctrl+1快捷键有可能在屏幕上显示出不同的大小；按Ctrl+0快捷键则不论图片大小，都会以适合整个屏幕的状态显示。

06 借助AI进行修复并提升画质。按L键切换到套索工具，在男孩头部绘制选区，在上下文任务栏中单击"创成式填充"按钮，如图5-7所示，单击"生成"按钮，再次生成新的内容。

图5-7

07 生成3个AI内容，并从中挑选自己认为最合适的内容，分别如图5-8、图5-9、图5-10所示。

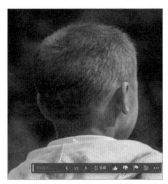

图5-8

08 这里我们挑选图5-10所示的效果。按Ctrl+0快捷键返回到适合屏幕的状态，可以看到男孩的头发漩涡处比较突兀，需要进行修复，如图5-11所示。

09 在上下文任务栏处继续单击"生成"按钮，直到选出满意的内容为止。同时放大到200%，可以看到生成的内容与原图保持了一致的清晰度，如图5-12所示。

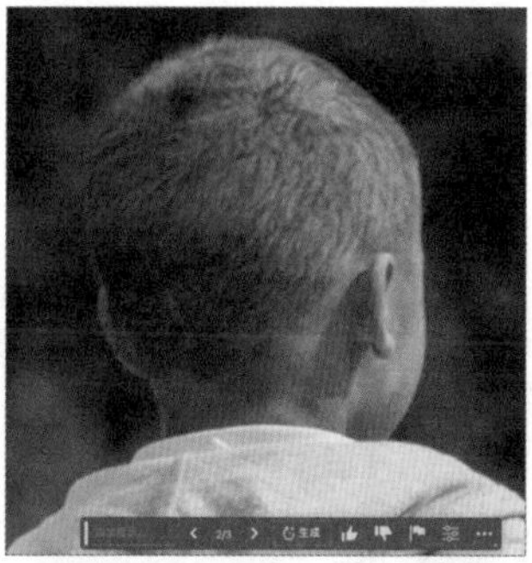

笔者做过多次测试，Photoshop处理此类扩展问题还是非常稳定和准确的，通常生成2~3次就能找出满意的内容。如果一直挑选不出满意的内容，可配合移除工具进行修复，后面案例会详细介绍。

10 按Ctrl+0快捷键整体检查一下，确定没有瑕疵，保存文件并完成扩展，如图5-13所示。

图 5-13

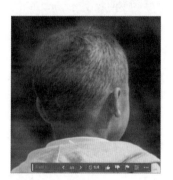

图 5-9

案例小结

从以上简单的案例可以看出AI扩展的神奇之处，但是我们也要时刻注意新生成的内容会有瑕疵或多余的内容产生。要综合利用Photoshop来巧妙地处理，才能得到满意的结果。

5-2 扩展身体区域

接下来利用一张狗的头部照片来扩展身体区域，综合利用创成式填充+移除工具+仿制图章工具来修复细节上的瑕疵。通过本案例，读者可了解Photoshop的扩展功能。

01 打开"第5章\5-2-扩展躯干\5-2-小狗素材.jpeg"文件。按C键切换到裁剪工具，在工具属性中栏设定比例为1:1，向右下方拖曳鼠标，按Enter键确定，扩大整个画布，如图5-14所示。

图 5-10

图 5-11

图 5-14

图 5-12

02 按M键切换到矩形选框工具，选中空白区域和一小部分的照片内容。在上下文任务栏中单击"创成式填充"按钮，再单击"生成"按钮，如图5-15所示。

图5-15

03 反复单击"生成"按钮，生成12个内容，如图5-16所示。

图5-16

04 AI生成的内容很难准确无误地绘制出狗的四肢、爪子，身体区域的清晰度也比较低，如图5-17所示。

图5-17

05 AI也会生成比例失调的内容，如图5-18所示，其腿有点类似柯基犬的腿。

06 AI也会"要小聪明"，将需要扩展的部分用窗户、墙面去遮挡，如图5-19所示。这样的处理手法也为我们在制作时提供了新的思路，可以通过创建新的内容去遮挡一些修复"难题"。

图5-18

图5-19

07 图5-20所示为在画面的左下方和右侧创建墙的效果。

图5-20

针对人物、动物等，目前AI生成的内容比较难以把握，常常会有与实际不符的内容产生。在实际工作中，应尽量避免生成正面内容。

08 相对而言，生成后背内容会更加准确，如图5-21所示。

09 生成侧面的内容也不错，但脖子附近有些缺角，如图5-22所示。

图 5-21   图 5-22

10 脖子附近有缺角，使用移除工具进行修复即可，如图 5-23 所示。

图 5-23

11 在 Photoshop 左下角可以看到此时文件大小已经达到 991.5MB，如图 5-24 所示。在进行操作时，已经明显地感觉到处理速度变慢，所有的操作都在卡顿中进行。

33.08%   文档:150.6M/991.5M

图 5-24

12 按 Ctrl+Alt+I 快捷键或执行"图像\图像大小"菜单命令，打开"图像大小"对话框，可以看到文档宽度已经达到 61.43 厘米，显然尺寸过大。另外，在左侧预览框中，可以看到扩展部分与原图的清晰度差距比较大，如图 5-25 所示。

图 5-25

13 在"宽度"处输入"/3"，将宽度除以 3，同时将分辨率降低为 200 像素/英寸，如图 5-26 所示。具体设置需要根据最终制作要求来决定。

图 5-26

14 在 Photoshop 左下角可以看到，此时文件大小已经减小到 81.4MB，如图 5-27 所示。

146.5%   文档:7.44M/81.4M

图 5-27

15 按 Ctrl+1 快捷键以 100% 显示图片，压缩后原图内容与 AI 生成内容的清晰度已经相差无几，如图 5-28 所示。

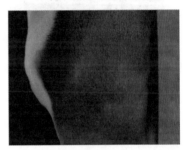

图 5-28

16 我们再挑选一个趴卧姿势且前肢大小匹配原图的内容进行修复。要先修复右侧多生成的另外一只狗，还有左下角区域，如图 5-29 所示。

图 5-29

17 按 L 键切换到套索工具，圈选右侧的狗，在上下文任务栏中单击"创成式填充"按钮，然后输入提示词"remove"，再单击"生成"按钮，如图 5-30 所示。

117

图 5-30

18 借助AI完美地移除了AI新生成的多余的狗，如图5-31所示。

图 5-31

19 反复单击"生成"按钮，在多个内容里挑选效果最佳的，如图5-32所示。

图 5-32

20 使用套索工具圈选左下角与毛发颜色相近的区域，如图5-33所示。在上下文任务栏中单击"创成式填充"按钮，再单击"生成"按钮，扩展选区内的石头。

21 扩展后，左下角区域都是石头，如图5-34所示。继续修补地面内容。

22 使用套索工具圈选左侧爪子上方的区域，在上下文任务栏中单击"创成式填充"按钮，再单击"生成"按钮，如图5-35所示。

图 5-33

图 5-34

图 5-35

23 利用AI进行修补工作，将左下角缺失的部分填补好，如图5-36所示。

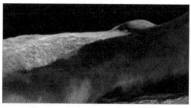

图 5-36

24 按Ctrl+Shift+N快捷键新建图层，并命名为"007修复"，如图5-37所示，对小范围的瑕疵使用移除工具和修复类工具进行修复。

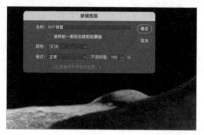

图 5-37

25 按J键切换到移除工具,按【和】键调整画笔大小,涂抹瑕疵区域,同时要放大视图,让操作更加便利,如图5-38所示。

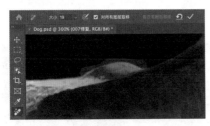

图 5-38

移除修复后的效果如图5-39所示。

图 5-39

26 使用移除工具,按【键缩小画笔,修补缺口和线条弯曲的区域,如图5-40所示。

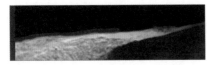

图 5-40

27 如果效果不尽如人意,可以随时按Ctrl+Z快捷键撤销操作,重新进行修补。修补后的效果如图5-41所示。

图 5-41

28 对狗的前肢区域进行修补,让边缘更加整齐、锐利,使得画面看起来更加清晰。对比一下修补前后的差异,如图5-42所示。

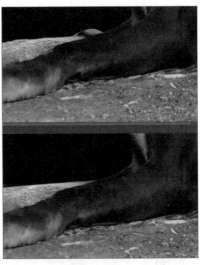

图 5-42

29 画面右侧的地面也需要进行修补,方法与左侧的修补方法相同。使用移除工具移除杂质,并修补边缘,使边缘变得简洁、锐利,如图5-43所示。

图 5-43

30 使用移除工具拉直地面后,可使用仿制图章工具在附近取样,让画面看起来更加真实,修复效果如图5-44所示。

图 5-44

31 在"图层"面板上整理图层,为每个图层重命名。按住Ctrl键的同时选中所有用于修复的图层,如图5-45所示,按Ctrl+G快捷键将所有图层编为一组。

32 按Ctrl++快捷键或按Z键切换到缩放工具,放大视图,检查画面内容。在脖子下方区域,毛发比较凌乱,与上方清晰的边缘不匹配,如图5-46所示。

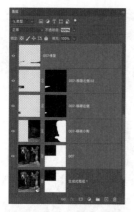

图 5-45

图 5-46

33 选择移除工具，调整画笔大小，放大视图，沿着边缘进行涂抹，将边缘清晰化，如图5-47所示。

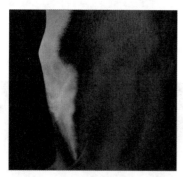

图 5-47

修补前后的整体效果对比如图5-48所示。借助创成式填充、移除工具及仿制图章工具，将AI生成的瑕疵逐一修复。

案例小结

本案例从一张狗的头部照片扩展并修补出约半个身躯的内容，如图5-49所示。除了依靠AI生成式扩展，还

要依赖移除工具的AI功能及传统的修复工具（如仿制图章工具等）。实际工作中往往会有简洁、清晰的画面要求，比如要求生成侧卧的内容，那就可以先使用AI生成侧卧内容，再去修复。当然也有很大的可能一次性生成完美的内容，那就省了很多修复时间。

图 5-48

图 5-49

5-3 扩展融入背景的人物

目前，利用AI生成式扩展去生成人像总有些小问题，要么比例不对，要么不符合常理，类似多一个手指头的事时有发生。在处理与人像相关的图片时，需要修复的区域有很多，此时也可以采用巧妙的手法来处理。比如下面的案例就通过生成浪花来"逃避"调整人体结构这样复杂的修复操作。当然一切的处理手法都要以制作要求为准。下面通过一个扩展人物背影的案例来详细讲解。

AI扩展图片

01 打开"第5章\5-3-海边健身者\5-3-素材.jpeg"文件。按C键切换到裁剪工具，如图5-50所示，向下扩大画布。

02 按M键切换到矩形选框工具，框选空白区域和一小部分的画面内容。在上下文任务栏中单击"创成式填充"按钮，再单击"生成"按钮，如图5-51所示。

03 Photoshop提示生成的内容违反了用户准则，已被移除，如图5-52所示，我们可以查阅用户准则来确认相关条例。通常，如果并没有违反用户准则，可以尝试再次生成。

图 5-50

图 5-53

图 5-51

图 5-54

06 选择图 5-55 所示的内容，继续下面的操作。

图 5-52

图 5-55

04 在上下文任务栏或"属性"面板内，尝试重新单击"生成"按钮；也可以输入简单的提示词，这里输入"extend image"，再次单击"生成"按钮，如图 5-53 所示。

05 这次 AI 按照提示词扩展了图片，并生成全身的背影照片内容，如图 5-54 所示。

AI 修复细节

07 添加浪花。在人物左下方有小浪花的区域使用套索工具创建选区，在上下文任务栏中输入提示词"ocean waves"，单击"生成"按钮，生成更大的浪花，如图 5-56 所示。

08 使用套索工具圈选左大腿处色调偏重的区域。在上下文任务栏中输入提示词"soft skin"，如图 5-57 所示，单击"生成"按钮,对皮肤进行美化处理。

图 5-56

图 5-57

09 AI将根据当前内容,对皮肤进行柔和美化处理,效果还是很不错的。继续使用套索工具圈选右大腿处色调偏重的区域,在上下文任务栏中输入同样的提示词"soft skin",如图5-58所示,单击"生成"按钮。

图 5-58

10 借助AI美化后的效果如图5-59所示。使用此方法也可以对其他区域进行美化处理,大大地节省了制作时间。不过要注意AI生成的内容可能会改变原有内容。

图 5-59

调整图像大小

11 按Ctrl+Alt+I快捷键或执行"图像\图像大小"菜单命令,打开"图像大小"对话框,在宽度数值后输入"/2",将现有图像缩小;设置"分辨率"为200像素/英寸,单击"确定"按钮,调整图像大小以保证后面制作时的速度,如图5-60所示。

图 5-60

修复细节

12 按J键切换到移除工具,借助移除工具可以拉直线条的功能,修饰双腿的形状,如图5-61所示。

图 5-61

13 放大视图,调整画笔大小,对腿部细节进行微调,如图5-62所示。

图 5-62

14 靠近身体区域尽量保持线条流畅,不要随意反复涂抹,这样可以确保得到清晰、流畅的边缘,如图5-63所示。

15 对比修复前后的差异，如图5-64所示。这一步不必要求腿部外形完全准确，后面还会继续添加浪花来丰富画面。

图 5-63

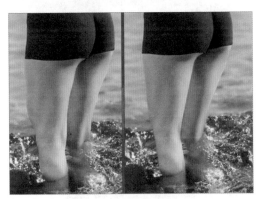

图 5-64

添加浪花

16 按L键切换到套索工具，圈选部分海面和腿，在上下文任务栏中输入提示词"ocean waves"，单击"生成"按钮，如图5-65所示。

图 5-65

17 生成内容的效果非常不错，浪花遮挡了膝盖以下区域，也回避了腿部结构上的问题，如图5-66所示。

图 5-66

18 使用另外一个内容来完成后面的修复工作，如图5-67所示。后续修复不仅要使用AI，还需要使用"液化"滤镜、移除工具等，这样更能体现Photoshop的强大之处，可以让大家掌握更多的技巧。

图 5-67

19 按Ctrl+J快捷键复制得到的图层浪花图层，选中复制得到的图层并右击，在弹出的快捷菜单中选择"转换为图层"命令，如图5-68所示，将生成式图层转换为普通图层。

图 5-68

20 转换为普通图层后，清理不需要的图层，然后借助图层蒙版和画笔工具组合浪花，注意要为图层重命名，如图5-69所示。

图5-69

使用"液化"滤镜校正

21 按Ctrl+Alt+Shift+E快捷键合并所有可见图层到新图层，执行"滤镜\转换为智能滤镜"菜单命令，将图层转换为智能对象后，执行"滤镜\液化"菜单命令，如图5-70所示。

图5-70

22 在"液化"对话框中，调整视图和画笔大小。使用向前变形工具 对画面内容进行移动，调整腿部形状；使用膨胀工具 在臀部进行膨胀处理，让臀部看起来更加健美，如图5-71所示。

图5-71

23 使用"液化"滤镜调整后，按Ctrl+Shift+N快捷键创建新图层，命名为"调整细节"。使用移除工具调整并拉直边缘，如图5-72所示。

图5-72

修复后的效果如图5-73所示。

图5-73

整体调整

24 使用套索工具圈选右腿色调偏重的区域，在上下文任务栏中单击"创成式填充"按钮，输入提示词"soft skin"，单击"生成"按钮，如图5-74所示。

图5-74

25 在生成的多个内容里挑选右腿向前弯曲的，如图5-75所示。

图 5-75

26 使用套索工具圈选右侧臀部外侧，在上下文任务栏中单击"创成式填充"按钮，输入提示词"remove"，单击"生成"按钮，如图5-76所示。移除部分内容，让整体形状匹配向前跨步的姿态。调整后的效果如图5-77所示。

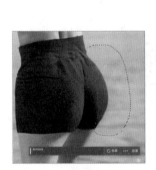

图 5-76　　　　　　图 5-77

扩展图片前后的效果对比如图5-78所示。

图 5-78

设置水彩效果

27 按Ctrl+Shift+Alt+E快捷键合并所有可见图层的内容到新图层，保持选中新复制的图层并右击，在弹出的快捷菜单中选择"复制图层"命令，如图5-79所示。

图 5-79

28 执行"窗口\通道"菜单命令，打开"通道"面板。在底部单击"创建新通道"按钮，创建新通道，此时整个画面为黑色。按Shift+Delete快捷键或执行"编辑\填充"菜单命令，打开"填充"对话框，设置"内容"为"颜色"，打开颜色拾取器，设置H为0度、S为0%、B为30%，为整个新通道填充30%的灰度，如图5-80所示。

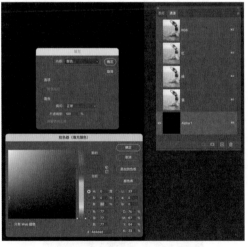

图 5-80

29 填充后，在"通道"面板中按住Ctrl键的同时单击"Alpha 1"通道的缩览图，加载灰度为选区，如图5-81所示。

30 Photoshop会提示因为像素小于50%，所以当前选区不可见，但是选区还是存在的，如图5-82所示。

31 在上下文任务栏中单击"创成式填充"按钮，输入提示词"watercolor"，单击"生成"按钮，如图5-83所示。

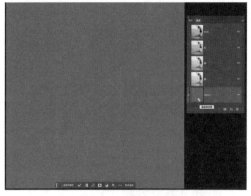

图 5-81

图 5-82

图 5-83

32 30%灰度的选区将指引AI根据画面内容创建水彩效果，如图5-84所示。

图 5-84

33 得到满意的水彩效果后，按Ctrl+J快捷键复制图层，选中刚刚复制得到的图层并右击，在弹出的快捷菜单中选择"栅格化图层"命令，并重命名该图层，如图5-85所示。

图 5-85

34 更改图层混合模式为"正片叠底"，"正片叠底"混合模式可以加重背景图片的阴影区域，如图5-86所示。

图 5-86

35 选中图层蒙版，按B键切换到画笔工具，按【和】键调整画笔大小，放大视图，按数字键2~8调整不透明度，按D键设定前景色为黑色，恢复人物和浪花的形状，如图5-87所示。

图 5-87

水彩效果如图5-88所示。

图 5-88

36 单击"002"图层的眼睛图标,开启其内容显示。更改图层混合模式为"强光",在海面上添加手绘线条的效果,如图5-89所示。

图 5-89

37 在"图层"面板中按住Alt键的同时拖曳复制"001"图层的蒙版到"002"图层上,如图5-90所示,松开鼠标。

图 5-90

38 保持选中"002"图层的蒙版,按B键切换到画笔工具,按】键调大画笔,按数字键0设定"不透明度"为100%,按D键后再按X键,设定前景色为黑色,在天空处进行涂抹,让天空显示更多的色彩,如图5-91所示。靠近人物时,降低不透明度到50%左右,小心涂抹。

图 5-91

调色

Photoshop的强大之处在于对多个功能的组合,前面章节中我们可以体会到一键选择主体、快速选择工具的快速和实用性。2023版本新增的调整预设中预制了各种调整组合方案,不仅加速了制作流程,还提供了调色思路供使用者参考。

39 打开"调整"面板,在调整预设内将鼠标指针停留在"电影的-忧郁蓝"预设上片刻,画面内容会显示该预设的调色效果,如图5-92所示。

图 5-92

40 单击"忧郁蓝"图标,在"图层"面板中添加"电影的-忧郁蓝"图层组。单击图层组左侧的眼睛图标,关闭图层组的显示。选中"002"图层,如图5-93所示。

41 切换到"通道"面板,选择红色通道,如图5-94所示。

图 5-93

图 5-94

42 按住Ctrl键的同时单击红色通道缩略图，加载通道内的信息到选区，如图5-95所示。

图 5-95

43 返回"图层"面板，单击"电影的-忧郁蓝"图层组的蒙版。在保持选区选中的情况下，按D键设定背景色为黑色，按Ctrl+Delete快捷键填充黑色到蒙版。按快捷键Ctrl+D取消选区，蒙版控制效果如图5-96所示。

44 保持选中蒙版，按Ctrl+L快捷键调出"色阶"对话

框，调整黑白值和中间过渡值，调整过程中实时预览效果，直到对效果满意为止，如图5-97所示。

图 5-96

图 5-97

45 处理蒙版，按B键切换到画笔工具，按【键放大画笔，按数字键3设定"不透明度"为30%，设定前景色为白色，在画面的两个底角处绘制，加重两个区域，产生类似暗角的效果，如图5-98所示。

图 5-98

调整完成后的效果如图5-99所示。

图 5-99

46 可以借助调整图层和蒙版快速创建不同的色调效果。按住Shift键的同时单击"电影的-忧郁蓝"图层组的蒙版，关闭图层蒙版，色调转变成原本浓郁的忧郁蓝效果，如图5-100所示。

图 5-100

47 展开"电影的-忧郁蓝"图层组，选中"照片滤镜1"图层缩略图，在"属性"面板的"颜色"框上单击，从弹出的拾色器中选择橙色，模拟清晨的色调，如图5-101所示。

图 5-101

48 按住Shift键的同时单击"电影的-忧郁蓝"图层组的蒙版，开启蒙版，切换为淡淡的色调，如图5-102所示。

图 5-102

添加纹理效果

49 按Ctrl+Shift+Alt+E快捷键合并所有可见内容到新建图层中，如图5-103所示；也可以选中所有可见图层并转换为智能对象。合并的好处就是减小文件大小。

图 5-103

50 执行"滤镜\转换为智能滤镜"菜单命令，将新创建的图层转换为智能对象，如图5-104所示。

图 5-104

51 执行"滤镜\滤镜库"菜单命令,在弹出的滤镜库对话框中选择"纹理\纹理化"选项,在右侧设定"缩放"为120%左右,"凸现"为9,"光照"为"右上",匹配画面的光照方向,如图5-105所示。

图 5-105

52 在"图层"面板上,按住Alt键的同时拖曳"电影的-忧郁蓝"图层组的蒙版到新建图层上,如图5-106所示。

53 添加蒙版后,人物头发区域将显示更多细节,如图5-107所示。

图 5-106

图 5-107

54 选中图层蒙版,按B键切换到画笔工具,设定前景色为黑色,按数字键5设定画笔不透明度为50%,在人物身体上绘制,恢复更多细节,如图5-108所示。

图 5-108

添加纹理后的最终效果如图5-109所示。

图 5-109

技巧提示

使用AI功能的时候一定要细心,反复放大视图并查看细节,分析画面内容存在的合理性。AI常常会"自以为是"地生成看起来没有问题的瑕疵。

如在步骤5中选择图5-110所示的内容进一步制作时,不仅要修复岩石、裤子的外形、裤褶走势,还要处理AI扩展后人体腰部过长、比例失调等问题,并需要综合使用AI功能和修复类工具、命令。读者可打开"第5章\5-3海边健身者\5-3海边健身者-长裤.psd"文件,参考制作过程。

整个过程需要不停分析,反复对比。在细节方面,还需要依靠移除工具、仿制图章工具、图层蒙版等来进行快速、准确地修复。在图5-111中可以发现还有很多细节上的问题要处理。

如果要扩展的区域有很多,那就需要有足够的耐心,要学会循序渐进。要想一次性就借助AI完成工作,大多是不可能的。AI也有自己的思考方式,会根据当前画面内容、选区和提示词来"猜测"并生成多个内容。在图5-112中，继续向下扩展岩石，添加浪花。

图5-110

图5-111

图5-112

可打开"第5章\5-3-海边健身者\5-3海边健身者-岩石海鸥.psd"文件参考制作过程，最终效果如图5-113所示。

图5-113

当前AI在扩展画面时常常会出现画面模糊的状况，相关的修复工作量比较繁重，因此我们可以再借助AI将图片快速转换为数码艺术效果来规避画质模糊的问题。图5-114所示为用AI快速生成油画的效果。

图5-114

5-4 扩展完整的汽车

本节将使用一张车祸照片，利用AI向左右扩展，再综合使用AI、移除工具、仿制图章工具等让画面内容看起来趋于真实。

AI扩展照片

01 打开"第5章\5-4-扩展汽车\5-4-素材01.jpeg"文件，按C键切换到裁剪工具，按住Alt键的同时向左右两边扩展画布，如图5-115所示。

图 5-115

02 按M键切换到矩形选框工具，框选右侧空白区域和一小部分画面右侧的内容。在上下文任务栏中单击"创成式填充"按钮，再单击"生成"按钮，如图5-116所示。

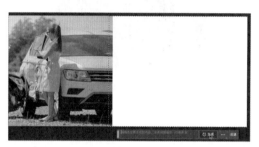

图 5-116

03 AI生成的3个内容分别如图5-117、图5-118、图5-119所示。比较之后，笔者选择图5-119所示的内容，其右侧的道路平坦、开阔，车身的比例也最符合视觉感受。

图 5-117

图 5-118

04 按L键切换到套索工具，在刚生成的道路上创建选区。这里想要利用AI生成一条金毛犬，所以选区形状要近似金毛犬外形。在上下文任务栏中单击"创成式填充"按钮，输入提示词"golden retriever"，单击"生成"按钮，如图5-120所示。

图 5-119

图 5-120

05 反复单击"生成"按钮多次，多生成几个AI内容，从中挑选令人满意的"金毛犬"，如图5-121所示。

图 5-121

06 按住空格键的同时平移视图到左侧。按M键切换到矩形选框工具，框选左侧空白区域和一小部分画面内容。在上下文任务栏中单击"创成式填充"按钮，再单击"生成"按钮，如图5-122所示。

图 5-122

07 左侧的内容本身较少，同时需要扩展的内容又是整个侧面车身，因此AI生成内容的效果不如右侧，如图5-123所示。

图5-123

08 反复单击"生成"按钮，生成多个内容。在挑选内容时，如遇到还不错的内容，建议马上按Ctrl+J快捷键复制图层，选中刚刚复制得到的图层并右击，在弹出的快捷菜单中选择"栅格化图层"命令，重新命名该图层。然后关闭该图层的内容显示，再次选中生成式图层，继续挑选，如图5-124所示。由于创成式填充需要网络支持，所以反复挑选时常会有卡顿的现象。

图5-124

09 挑选图5-125所示的内容，车尾处的结构不太准确，但是整体尺寸和结构是符合我们预想的。

图5-125

减小图像大小

由于要扩展的区域较大，加之原图尺寸也不小，所以要提前调整图像大小，减小文件大小，以避免因尺寸过大而产生卡顿。

10 执行"图像\图像大小"菜单命令，如图5-126所示。

11 在"图像大小"对话框中，减小宽度和高度的数值，以及降低分辨率到200像素/英寸，如图5-127所示。

图5-126

图5-127

修复蓝车车尾区域

12 调整完图像大小后，按Ctrl+Alt+Shift+E快捷键盖印所有可见图层的内容到新建的图层。在"图层"面板中选中"图层1"图层并右击，从弹出的快捷菜单中选择"复制图层"命令，如图5-128所示，将复制得到的图层放置到新的文件中，进行深入处理。分阶段保存PSD文件，确保后期系统运行流畅。

图5-128

13 在"复制图层"对话框中，设定"文档"为"新建"，"名称"为"车祸意外"，如图5-129所示。创建完成后，要记得将原始文件保存。

图 5-129

14 按Ctrl+Shift+N快捷键创建新图层，命名为"修复细节"，如图5-130所示。因为后续还要使用AI功能去生成内容，因此在开始进行下一步精修前，要先把图片内的明显瑕疵修复一下，否则瑕疵区域有可能会影响AI生成的内容。

图 5-130

15 按J键切换到移除工具，放大视图及调整画笔大小，对瑕疵区域进行移除和修复，如图5-131所示。

图 5-131

16 继续使用移除工具修复蓝车车尾处的瑕疵，如图5-132所示。

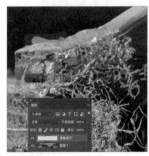

图 5-132

17 放大视图，发现蓝车车尾的边缘线条弯曲，需要进行简单的修复，便于后面进行AI生成，如图5-133所示。

图 5-133

18 使用移除工具校正边缘线条，注意调整画笔大小，不宜过大，如图5-134所示。

图 5-134

19 移除车尾处一些"莫名其妙"的内容，如图5-135所示。

图 5-135

20 利用AI基于现在的车尾再次生成新的车尾。按L键切换到套索工具，圈选蓝车车尾。在上下文任务栏中单击"创成式填充"按钮，输入提示词"the back of the car"，单击"生成"按钮，如图5-136所示。

21 在生成的多个内容里挑选自己认为满意的，如图5-137所示，车尾灯和后备箱比较合乎逻辑，当然也生成了新的瑕疵——有两个车牌，同时多出了一个车灯。使用套索工具圈选底部多出的车牌，在上下文任务栏中单击"创成式填充"按钮，再单击"生成"按钮，使用AI进行移除。

图 5-136

图 5-137

22 在生成的多个内容里挑选结构最合理的。我们可以惊讶地看到AI修复的效果非常棒，如图5-138所示。新产生的瑕疵暂时不用理会，等后面一起修复。使用同样的方法移除上方多余的红色灯带。

图 5-138

23 使用套索工具圈选部分后挡风玻璃，希望AI将该车校正成两厢的小汽车，因此选区外侧应呈弧形。在上下文任务栏中单击"创成式填充"按钮，输入提示词"the back window of the car"，再单击"生成"按钮，如图5-139所示。

24 如果一次生成的内容并不能满足制作要求，可在已生成的内容上再创建选区，继续生成满足制作要求的内容，如图5-140所示。

图 5-139

图 5-140

25 使用套索工具圈选后轮胎，在上下文任务栏中单击"创成式填充"按钮，输入提示词"tyre"，单击"生成"按钮，如图5-141所示，生成新的轮胎。

图 5-141

26 AI生成了多个内容，但都无法匹配前轮胎的轮毂造型。这个问题暂且先放着，我们在后面的制作中再解决，如图5-142所示。

图 5-142

27 当前使用AI创建了多个生成式图层，且我们已反复比较过，并挑选出了效果最优的。为了确保系统运行没有卡顿，需将这些生成式图层栅格化，如图5-143所示。

如果不确定以后是否还会使用其他的AI内容，就要保留生成式图层或使用"转换为图层"命令。

28 整理一下"图层"面板，为各个图层和图层组重命名，如图5-144所示。如果此时计算机运行没有发生任何卡顿，可以不用提前栅格化生成式图层。

图5-143   图5-144

29 修补后挡风玻璃。按Ctrl+Shift+N快捷键创建新图层，命名为"后窗"，如图5-145所示。

图5-145

30 按J键切换到移除工具，按【和】键调整画笔大小，在后挡风玻璃边缘断开的区域进行涂抹，利用移除工具的AI功能修补边缘，如图5-146所示。

图5-146

31 修补完成后，按Ctrl+-快捷键缩小视图，检查下车尾现在的状态，如图5-147所示。当前最大的问题是后挡风玻璃的形状不够精准，这个问题留到最后再处理，先把其他的小瑕疵清理一下。这样复杂的场景修复，笔者

推荐使用"齐头并进"的模式，让各个区域和结构达到平衡，趋于真实。读者也可以根据个人的习惯和实际画面状态来决定修复次序。

图5-147

32 按S键切换到仿制图章工具，克隆出扰流板缺失的部分，如图5-148所示。

图5-148

33 使用仿制图章工具时，要注意调整画笔的硬度，100%的硬度适合克隆出锐利的边缘，如图5-149所示。

图5-149

34 有了移除工具，处理边缘的问题就变得十分简单。图5-150所示的瑕疵，使用移除工具可以非常简单地处理好。

35 使用移除工具涂抹后，按Enter键即可解决接缝问题，如图5-151所示。不过从整体来看，这个区域的接缝不应该存在，这里还是先处理其他区域的问题，最后再一起校正车尾的结构问题。

图 5-150

图 5-151

克隆轮胎

36 下面通过仿制图章工具克隆前轮胎造型到后轮胎。按 S键切换到仿制图章工具，按【键放大画笔到与前轮胎轮毂大小相近。按数字键0设定"不透明度"为100%，按Ctrl+Shift+N快捷键创建新图层，命名为"轮胎"。按住Alt键的同时在前轮胎中心单击取样，松开Alt键，将鼠标指针移至后轮胎中心点处单击克隆前轮胎，如图5-152所示。

图 5-152

37 按数字键8~9适当地降低不透明度，小心涂抹轮胎，如图5-153所示。

图 5-153

38 在"轮胎"图层上添加图层蒙版，设定前景色为黑色，按B键切换到画笔工具，调整画笔大小，去除后轮

胎外围多余的内容，如图5-154所示。

图 5-154

技巧提示

一定要在新建的空白图层上使用仿制图章工具进行操作，这样不仅可以确保原图内容完好，还可以借助图层和蒙版功能进一步调整、修补内容。

39 按Ctrl+-快捷键缩小视图，查看当前画面的整体状态，如图5-155所示。

图 5-155

40 按L键切换到套索工具，圈选部分后轮胎和草地，利用AI添加草丛。在上下文任务栏中单击"创成式填充"按钮，输入提示词"grass"，再单击"生成"按钮，如图5-156所示。

图 5-156

41 继续使用套索工具圈选部分后车门和门把手区域，在上下文任务栏中单击"创成式填充"按钮，再单击"生成"按钮，如图5-157所示。

图 5-157

42 反复生成多个内容，挑选门把手和整体色调最好的一个，如图 5-158 所示。

图 5-158

提升画质

现在针对蓝车的修复也即将告一段落。下面重复使用 AI 功能改善之前 AI 生成内容的画质模糊的问题。

43 放大视图并平移到左下角草丛的区域，可以明显地看到 AI 一次性扩展的画面是模糊的，如图 5-159 所示。

图 5-159

44 按 M 键切换到矩形选框工具，框选模糊区域，在上下文任务栏中单击"创成式填充"按钮，再单击"生成"按钮，如图 5-160 所示，重新生成草丛。

45 AI 生成的新内容提升了画质，如图 5-161 所示。究其原因，是因为第一次扩展时图片尺寸过大，超过了 Photo-

shop 设定的 1024 像素 × 1024 像素的限制，生成的内容就会模糊。

图 5-160

图 5-161

46 借助 AI 一块块地重新生成草丛。生成完毕，在"图层"面板中按住 Ctrl 键的同时选中所有的"草丛"生成式图层，按 Ctrl+E 快捷键合并图层，如图 5-162 所示。

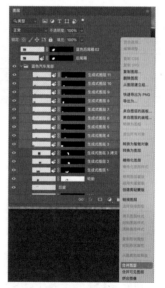

图 5-162

修复细节

47 按 Ctrl+Shift+N 快捷键创建新图层，命名为"蓝车细节调整"，如图 5-163 所示。

图 5-163

48 按J键切换到移除工具，涂抹车身上需要移除、修复的区域，如图5-164所示。

图 5-164

技巧提示

移除工具并不是真的"移除"所选内容，而是根据选区及周围内容，创建出新的内容"贴"在原有的内容上。因为通过人工智能进行了边缘融合，所以看起来原有内容像是消失了，但事实是生成了新的内容"盖"在上面。因此移除修复工作最好安排在最后去完成。

49 使用仿制图章工具克隆后车门生成的门把手到前车门，注意使用蒙版和移除工具来处理门把手与前车门的融合效果，如图5-165所示。

图 5-165

50 借助AI为车牌创建内容。按Shift+W快捷键切换到魔棒工具，在车尾的车牌处单击以建立选区，如图5-166所示。注意在上方的工具属性栏中调整容差值来确保选中车牌，容差值越大，越多近似颜色会被选中。

51 在上下文任务栏中单击"创成式填充"按钮，输入提示词"car signs"，单击"生成"按钮，如图5-167所示。

52 在生成的内容里挑选满意的，如图5-168所示。

53 按Ctrl+-快捷键缩小视图，检查当前的整体效果，如图5-169所示。

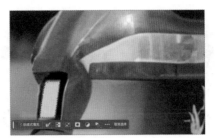

图 5-166

图 5-167

图 5-168

图 5-169

54 按Shift+L快捷键切换到多边形套索工具，在后挡风玻璃边缘处绘制想要改变的车身结构形状，如图5-170所示。

55 在上下文任务栏中单击"创成式填充"按钮，再单击"生成"按钮，重新生成该区域，得到想要的形状，如图5-171所示。

图 5-170

图 5-171

56 创建新图层，使用移除工具对看起来不合理的内容进行移除和修复，如图 5-172 所示。

图 5-172

57 车门接缝处的瑕疵使用移除工具和创成式填充进行校正和修复。蓝车车身最终修复后的效果如图 5-173 所示。

图 5-173

58 在蓝车后面的空地上，借助 AI 创建行李箱，使用多边形套索工具创建行李箱形状的选区。在上下文任务栏

中单击"创成式填充"按钮，输入提示词"suitcase"，单击"生成"按钮，如图 5-174 所示。

图 5-174

59 在生成的内容里挑选满意的，如图 5-175 所示。

图 5-175

60 创建新图层，使用移除工具将行李箱上多余的类似支架的东西去除，如图 5-176 所示。

图 5-176

行李箱最终效果如图 5-177 所示。

修复白车

相较于蓝车，白车的修复要简单许多，主要原因在于 AI 生成的白车结构合理，且需要修复的区域也较小，主要聚集在车头区域。

图 5-177

61 根据拍摄角度和白车的位置，找到一张近似的汽车图片作为素材。打开"第5章\5-4-扩展汽车\5-4-素材02.jpg"文件，按L键使用套索工具圈选车头区域，按Ctrl+C快捷键复制该区域，如图5-178所示。此处使用传统方法去改变白车车头栅格和标志区域。如果使用AI创建会有很多不确定性，且会拖慢制作速度。

图 5-178

62 返回到"车祸意外.psd"文件中，放大视图并平移视图到白车处，按Ctrl+V快捷键粘贴前面复制得到的车头。按V键切换到移动工具，按数字键5设定图层不透明度为50%，这样方便查看车头区域是否对齐。按Ctrl+T快捷键旋转及缩放调整并对齐车头，主要对齐栅格条、车灯，如图5-179所示。

图 5-179

63 按数字键0恢复图层不透明度为100%，如图5-180所示。

64 为图层添加蒙版，在蒙版中将不需要的区域用画笔

工具涂抹成黑色，将其屏蔽并与背景融合，如图5-181所示。

图 5-180

图 5-181

65 按L键切换到套索工具，圈选AI生成的车牌区域。在上下文任务栏中单击"创成式填充"按钮，再单击"生成"按钮，如图5-182所示。接下来移除车牌并重新将车牌放在下方。

图 5-182

66 借助AI移除车牌后，选择车牌和底部栅格条完全分开的内容，便于继续移除，如图5-183所示。

图 5-183

67 使用套索工具圈选新生成的车牌，在上下文任务栏中单击"创成式填充"按钮，再单击"生成"按钮，如图5-184所示，移除当前奇怪的车牌。

图 5-184

68 生成内容后，挑选满意的内容，如图5-185所示。

图 5-185

69 使用套索工具圈选下方的栅格条，如图5-186所示，在上下文任务栏中单击"创成式填充"按钮，再单击"生成"按钮，移除瑕疵。

图 5-186

70 使用矩形选框工具在下方栅格条处绘制长方形，准备创建车牌。在上下文任务栏中单击"创成式填充"按钮，输入提示词"car sign"，单击"生成"按钮，如图5-187所示。

图 5-187

71 反复单击"生成"按钮，让AI多生成一些内容，从中挑选满意的内容，如图5-188所示。

图 5-188

72 调整车头的亮度。按Ctrl+-快捷键缩小视图，可以感受到栅格条和标志显得过于明亮。在"图层"面板底部单击"创建新的填充或调整图层"按钮，从弹出的下拉菜单中选择"色相/饱和度"命令，如图5-189所示。

图 5-189

73 按住Alt键的同时在"色相/饱和度2"图层和"大众"图层之间单击，快速创建剪贴蒙版，使调整图层的所有调整只针对下方的"大众"图层，如图5-190所示。

图 5-190

74 在调整图层的"属性"面板上，降低明度和饱和度，拉低整体亮度，如图5-191所示。

图5-191

图5-192

75 按Ctrl+Shift+N快捷键创建新图层，并将其放置到所有图层的上方。按J键切换到移除工具，对白车前脸小范围的瑕疵进行修复，如图5-192所示。

76 放大视图，车窗上方的瑕疵也使用移除工具修复，如图5-193所示。注意，移除工具修复的图层一定要放置在最上方。

图5-193

77 全部调整完成后，按Ctrl+0快捷键查看最终效果，如图5-194所示。

图5-194

78 对比原素材、第一次扩展的效果和最终合成效果，如图5-195所示。

图5-195

5-5 扩展融合不同的照片内容

Photoshop的AI扩展功能不仅可以延伸图片内容，还可以融合两张图片。本案例就借助AI扩展功能，将一张鹰的图片和一张羊的图片融合在一起。

AI扩展并组合

01 打开"第5章\5-5-对峙\5-5-素材01.jpeg"文件。按C键切换到裁剪工具，如图5-196所示。原图片除了鹰，其余元素较少，比较考验Photoshop的AI扩展能力。

02 使用裁剪工具向下扩展画布，然后按M键切换到矩形选框工具，框选空白区域和一小部分原图内容。在上下文任务栏中单击"创成式填充"按钮，再单击"生成"按钮，如图5-197所示。

图 5-196

图 5-199

图 5-197

03 AI扩展生成的内容差距较大，场景有海边、山顶等，分别如图5-198、图5-199、图5-200所示。

图 5-200

图 5-198

基本上每一张扩展图片都非常棒，此处根据最终要完成的效果，选择图5-199所示的有远山作为背景的内容。

04 打开"第5章\5-5-对峙\5-5-素材02.jpeg"文件，按C键切换到裁剪工具，向下扩展图片，如图5-201所示。按M键切换到矩形选框工具，框选空白处和一小部分原图内容，在上下文任务栏中单击"创成式填充"按钮，再单击"生成"按钮，操作步骤跟前面一样。

05 在AI生成的内容里挑选山崖最险的一个，如图5-202所示。

技巧提示

除了使用裁剪工具，还可以使用"画布大小"命令来扩展画布。执行"图像\画布大小"菜单命令，如图5-203所示，打开"画布大小"对话框。

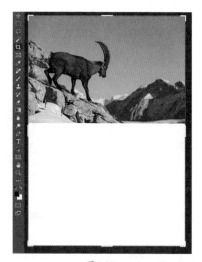

图 5-201

图 5-202

图 5-203

输入宽度和高度的数值，调整画布大小，如图5-204所示。在"定位"选项内，可以单击九宫格内的方格，设定从哪个方向扩展画布。

图 5-204

06 按Ctrl+Shift+Alt+E快捷键合并所有可见的内容到新建图层。打开"图层"面板的弹出式菜单，选择"复制图层"命令，如图5-205所示。

图 5-205

07 在"复制图层"对话框的"目标\文档"下拉列表中选择"新建"选项，将图层复制到新建文件中，如图5-206所示。

图 5-206

08 使用同样的方法将前面扩展的鹰的内容也复制到同一个文件中，并重命名图层。使用裁剪工具扩展画布。按V键切换到移动工具，分别移动两个图层到图5-207所示的位置。

图 5-207

注：做到这一步要时刻关注图像大小。过大的图像会导致系统运行缓慢甚至卡顿，尤其是AI功能需要连接网络，可能更会拖慢制作速度。本案例里，使用"编辑\图像大小"菜单命令控制文档尺寸在50cm左右，最终文档大小保持在150MB~200MB。

匹配颜色

09 选中"羊-背景"图层，执行"图像\调整\匹配颜色"菜单命令，如图5-208所示。

图 5-208

10 在"匹配颜色"对话框中，首先在下方"源"下拉列表中选择"未标题-1"文件（即刚建立的文件），然后在"图层"下拉列表中选择"鹰-背景"选项，借用鹰图片的色调，如图5-209所示。

11 在"图像选项"区域中，调整明亮度、颜色强度、渐隐3个参数，让画面回归一点蓝色色调，如图5-210所示。

图 5-209

图 5-210

匹配颜色的目的是让两张图片的色调相近，从而便于后面AI融合两张图片。

AI融合两张图片

12 按M键切换到矩形选框工具，配合Shift键框选所有空白区域和一小部分图片内容，如图5-211所示。

13 AI生成的3个内容都不错，将背景里的远山连接在一起，同时色调过渡也都比较自然，如图5-212、图5-213、

图5-214所示。这里选择图5-212所示的内容，其天空、远山与近景不仅过渡得更加自然，而且在近景里还展示出了山的陡峭。

图 5-211

图 5-212

图 5-213

图 5-214

修复左侧岩石

14 按L键切换到套索工具，圈选下方中央略显突兀的石头。在上下文任务栏中单击"创成式填充"按钮，再单击"生成"按钮，如图5-215所示，移除该石头。

图5-215

15 在生成的内容中，挑选第1个内容，如图5-216所示。

图5-216

16 按Ctrl+Shift+N快捷键新建图层，并命名为"修复"。按J键切换到移除工具，调整画笔大小，在画面最下方多余的小石头处涂抹，如图5-217所示。

图5-217

17 使用移除工具在左侧岩石上涂抹"暗黄色"的区域，如图5-218所示，进行移除清理，让岩石的整体性更强。

18 处理羊蹄附近的岩石边缘，移除多余的部分，如图5-219所示。

19 按Ctrl++快捷键放大视图，可以看到岩石上有些区域像素较低，内容比较模糊。按L键切换到套索工具，圈选模糊的区域，如图5-220所示，在上下文任务栏中单击"创成式填充"按钮，再单击"生成"按钮，使用AI重新生成内容来提高画质。

图5-218

图5-219

图5-220

20 按Ctrl+1快捷键以100%的比例显示，可以明显看到AI重新生成内容的画质提升了很多，如图5-221所示。

图5-221

21 使用套索工具圈选模糊的内容，如图5-222所示，借助AI重新生成内容来改善画质。

图 5-222

22 重新生成后，常常会产生新的瑕疵，如图5-223所示。此时使用移除工具进行移除即可，不要忘记新建图层再进行移除。

图 5-223

23 不管是使用移除工具修复，还是使用创成式填充功能生成AI内容，都要考虑图层的上下顺序。如果改变图层相互间堆叠的次序，画面就会出现不匹配的现象，如图5-224所示。

24 如果不慎改变了图层次序，画面产生了瑕疵，不用着急，重新调整图层间的次序即可，如图5-225所示。因此为图层重命名，以及尽量在新建图层中修复就显得至关重要。

图 2-224

图 5-225

25 岩石外侧的瑕疵也要修复，如图5-226所示。

图 5-226

26 使用移除工具调整岩石的边缘，如图5-227所示。

图 5-227

27 羊蹄外围白云和岩石区域的修复。先使用仿制图章工具修复白云，再使用移除工具调整白云与岩石交界处。按S键切换到仿制图章工具，按数字键8设定"不透明度"为80%，按【键缩小画笔，修复靠近岩石附近的白云，如图5-228所示。不要设置100%的不透明度，这样

图 5-228

容易产生很生硬的画面。

28 第一次修复后，继续使用仿制图章工具移除岩石残留的瑕疵。缩小画笔，降低不透明度，小心涂抹，让过渡更加自然且不要破坏岩石的边缘，如图5-229所示。

图5-229

29 使用移除工具处理边缘交界处，如图5-230所示。

图5-230

有了移除工具，整个修复流程就发生了变化，在处理交界区域时可以使用移除工具来收尾。

30 修复前后的效果对比如图5-231所示。可以明显看到，不论是岩石外形还是画面质量都有很大的提升，变得更加清晰和完整。

图5-231

修复右侧石柱和山头

31 下面将修复右侧的石柱。按Ctrl+Shift+N快捷键创建新图层，命名为"山体修复02"。放大视图，按住空格键的同时平移到画面右侧，按J键切换到移除工具，在石柱缺口处涂抹以修补缺口，如图5-232所示。

图5-232

32 使用移除工具修补的结果非常令人满意，如图5-233所示。

图5-233

33 使用移除工具在石柱模糊的区域涂抹，看看效果如何，如图5-234所示。

图5-234

34 使用移除工具涂抹模糊区域后画质并没有明显改善，

如图5-235所示，说明移除工具还是比较适合小范围的精细修复工作。

图5-235

35 按L键切换到套索工具，圈选模糊的区域，注意选区的形状要按照想要生成的石头形状来绘制。在上下文任务栏中单击"创成式填充"按钮，再单击"生成"按钮，如图5-236所示。

图5-236

36 在生成的内容里挑选画质和形状都满意的，如图5-237所示。

图5-237

37 石柱右侧模糊的区域也使用同样的方法修复。使用套索工具圈选模糊的区域，选区形状按照设想的石头形状来绘制。在上下文任务栏中单击"创成式填充"按钮，再单击"生成"按钮，如图5-238所示。

图5-238

38 挑选合适的内容，如图5-239所示。

图5-239

39 在石柱最下方类似底座的区域，使用套索工具圈选模糊的区域，在上下文任务栏中单击"创成式填充"按钮，再单击"生成"按钮，如图5-240所示，重新生成内容。

图5-240

40 AI重新生成的内容非常令人满意，如图5-241所示。

41 使用仿制图章工具修复远山。石柱后方的山头在融合过程中产生了不合理的瑕疵。按S键切换到仿制图章工具，按数字键8设定"不透明度"为80%，按住Alt键的同时，在旁边较暗的山头区域单击取样，克隆该区域到较亮的山头上，如图5-242所示。

图 5-241

图 5-242

42 修复过程中，随时降低不透明度和调整画笔大小，让画面看起来更加自然，如图5-243所示。石柱和山头修复前后的效果对比如图5-244所示。

图 5-243

图 5-244

43 整理"图层"面板，为图层重命名并编组，如图5-245所示。可以将生成式图层进行栅格化处理，以减小文件大小。原始的两张图片与扩展完成并融合后的图片效果对比如图5-246所示。

图 5-245

图 5-246

调整色调

扩展图片的工作已经完成。假如此时甲方提出反馈意见：天空的蓝色色调太重，与鹰羊对峙的紧张主题不符，需要降低蓝色色调。

44 在"图层"面板上单击"创建新的填充或调整图层"按钮，在弹出的下拉菜单中选择"色相/饱和度"命令，如图5-247所示。

45 在"色相/饱和度"的"属性"面板上单击 按钮，在蓝色天空处单击并按住鼠标左键向左拖动，如图5-248所示。

46 降低蓝色的饱和度后，整体画面趋向冷色调，如图5-249所示。

图 5-247

151

图 5-248

图 5-250

图 5-249

图 5-251

47 继续使用 按钮，单击羊的身体并向右拖曳以提高羊的饱和度，鹰、石柱、岩石的饱和度也被提高了，如图5-250所示。

48 借助"色相/饱和度"调整图层的蒙版，屏蔽对右侧石柱的调整，还原其色调，如图5-251所示。

49 在"图层"面板中添加"颜色查找"调整图层，在其"属性"面板上设置"3DLUT文件"为Kodak 5205 Fuji 3510，模拟胶片效果，如图5-252所示。同样使用蒙版来微调画面。

图 5-252

案例小结

借助AI扩展、融合两张图片可以有不同的思路和思考方式。

（1）与传统的素材拼贴相比有哪些优势？

速度快、变化多是AI目前最大的优势。

（2）能否直接生成背景，再配合"选择主体"功能来合成？

这样做是可行的，但是实际工作中不太会出现。因为实际工作中，大家对最终内容有一些额外的要求，比如要这个石柱、岩石，要这种感觉……因此使用AI逐步扩展、融合比较容易满足实际工作要求。

（3）使用AI生成的内容虽然有不可控的因素，但是变化较多，非常便于在后续工作中修改和在将来反复使用。而且相对于人像，AI生成的风景、材质的效果更加稳定且更令人满意。

在图5-253中，借助AI可以一次性生成多个内容，并可以组合出不同的效果，这是用传统方法难以实现的。

图 5-253

5-6 扩展精修模特照片

前面的案例中已经详细介绍了如何使用AI扩展图片，再综合使用AI、移除工具及Photoshop的其他功能来修复细节。接下来，借助AI功能来扩展模特头像照片，生成衣服和牛仔裤。本节的重点在于反复使用AI来深入修补，使用Photoshop来精修照片。

01 打开"第5章\5-6-模特扩展精修\5-6-素材.jpeg"文件，按C键切换到裁剪工具，按住Alt键的同时上下扩展画布，如图5-254所示。

图 5-254

02 按M键切换到矩形选框工具，框选空白区域和一小部分原图内容。在上下文任务栏中单击"创成式填充"按钮，再单击"生成"按钮，如图5-255所示。

图 5-255

03 AI扩展出来的3个内容的效果都很好，这里选择第1个内容，如图5-256所示，选择时主要看肢体形态等。

图 5-256

04 按C键切换到裁剪工具，向下扩展画布。按M键切换到矩形选框工具，框选空白区域和一小部分画面内容。在上下文任务栏中单击"创成式填充"按钮，再单击"生成"按钮，如图5-257所示。

技巧提示

也许有读者会疑惑，为什么不一次性扩展到最终尺寸，而要分两次扩展呢？经过反复测试，主要有以下3点要考虑。

（1）提高AI生成内容的准确度。缩小生成范围，给AI更多参考，尽量让AI生成的内容匹配我们的构思。

（2）提高生成画面的精度。一次性生成过大的内容会降低画面质量。

（3）尽可能地减少后期修复的工作量。

05 反复单击"生成"按钮，在多个AI生成的内容里挑选人体形态、服装最令人满意的，如图5-258所示。

图 5-257　　　　　　图 5-258

精修上半身

分析AI扩展出来的内容，衣服总体符合原图的设定，也匹配模特的姿态；但裤子不太明显，比较模糊，计划再次借助AI生成牛仔裤。下面先精修上半身，主要是衣服、胳膊区域。

06 按Ctrl++快捷键放大视图，按住空格键的同时平移视图到人物右侧肩部区域。按J键切换到移除工具，涂抹肩膀处发亮的区域，如图5-259所示。背部面积较大的区域可配合仿制图章工具克隆附近的色调和材质进行修复。

07 画面右侧有一大块不太协调的衣服，也需要进行移除。按L键切换到套索工具，圈选该区域，在上下文任务栏中单击"创成式填充"按钮，再单击"生成"按钮，如图5-260所示，移除该区域。

图 5-262

10 按L键切换到套索工具，圈选模糊区域，如图5-263所示。在上下文任务栏中单击"创成式填充"按钮，再单击"生成"按钮，重新绘制该区域。

图 5-259　　　　　　图 5-260

图 5-263

08 在AI生成的内容里挑选最满意的一个，如图5-261所示。我们可以直观地感受到Photoshop的AI功能在处理此类移除问题时很是得心应手。

11 AI重新生成了该区域的内容，画面质量得到了提升，并匹配了原画面的内容，如图5-264所示。

图 5-261

图 5-264

提高画质

技巧提示

提高画质的做法前面也有几个案例涉及，这里再次提醒读者，该方法并不是将模糊画面的质量提高，而是在原有模糊画面的基础上重新生成新的内容，改变了原有画面的内容。

09 放大视图，可以明显地看到AI在手臂处生成的新内容比较模糊，如图5-262所示。

因为重新生成的内容区域较小，小于1024像素×

1024像素，所以画面质量得到了改善，画面变得更加清晰了。

12 肩膀处也有些模糊，使用同样的方法，用套索工具圈选模糊区域，如图5-265所示。在上下文任务栏中单击"创成式填充"按钮，再单击"生成"按钮，重新生成新的内容。

图 5-265

13 在AI生成的内容里挑选令人满意的，以改善画面质量，如图5-266所示。

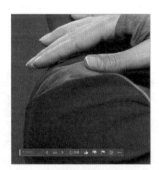

图 5-266

使用移除工具精修细节

14 AI生成的上衣有一些常见的瑕疵，如图5-267所示。使用移除工具可完美修复这些瑕疵，必要时可配合仿制图章工具，克隆附近的材质和色调。按Ctrl+Shift+N快捷键创建新图层，所有修复和移除操作都在新图层中进行。

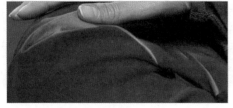

图 5-267

15 按J键切换到移除工具，按【和】键调整画笔大小，

在瑕疵区域涂抹，如图5-268所示。

图 5-268

16 使用移除工具时要小心涂抹，尽量一次完成修复，因为多次使用移除工具会导致画面模糊。修复后的效果如图5-269所示。

图 5-269

右手臂区域也有一些瑕疵，如图5-270所示，修复过程中要注意衣服和手臂的结构。

图 5-270

17 选择移除工具，调整视图和画笔大小，涂抹瑕疵区域，如图5-271所示。

图 5-271

18 如果对修复结果不满意，可按Ctrl+Z快捷键撤销操作；或在新建的图层中，使用套索工具圈选修复的内容，按Delete键删除，然后重新使用移除工具修复。这就是新建图层的好处，读者需时刻牢记必须在新建的图层上进行修复。修复效果如图5-272所示。

图 5-272

19 上衣修复完成后，在"图层"面板中配合Shift键选中所有图层，单击鼠标右键，在弹出的快捷菜单中选择"从图层建立组"命令，如图5-273所示，群组所有图层，便于管理。

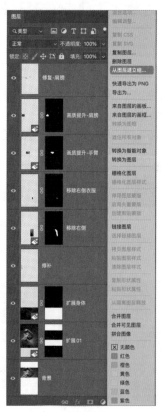

图 5-273

通过选区控制牛仔裤形状

第3章重点提到，Photoshop中选区的形状对于AI生成的内容有直接影响。下面借助AI生成牛仔裤，选区的形状直接影响生成的牛仔裤的形状。

20 按L键切换到套索工具，圈选腰部和下身区域，在上下文任务栏中单击"创成式填充"按钮，输入提示词"jeans"，如图5-274所示，单击"生成"按钮，借助AI生成牛仔裤。

图 5-274

21 AI生成的牛仔裤如图5-275所示，左侧画面为选区形状和提示词，右侧画面为生成内容。

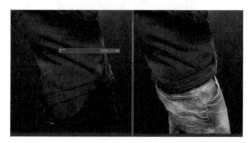

图 5-275

22 修改选区，增加曲线，AI会根据选区生成具有明显曲线的臀部，如图5-276所示。

图 5-276

23 修改选区，顶部从左下向右上倾斜，左右两边添加曲线。AI生成的内容有了更多的变化，人物姿态有了动感。根据选区形状，视角从侧面拍过来，两腿叉开，与上身姿态更匹配，如图5-277所示。

图 5-277

24 反复单击"生成"按钮，生成更多内容，如图5-278所示。

图 5-278

25 按Ctrl+0快捷键让画面适应屏幕显示。从整体来看，生成的牛仔裤与上身匹配，如图5-279所示。

图 5-279

读者可根据实际需要和个人判断选择内容。下半身姿态要匹配上身的形态，与整体画面相协调，合乎逻辑和情理。图5-280所示的内容也很匹配整体画面内容。

图 5-280

AI精修牛仔裤

AI生成的内容常常让人赞不绝口，但几乎每个内容都有意想不到的瑕疵。

26 使用步骤24中生成的内容来进行下一步的精细修复。根据画面内容的不同，采取不同的修复方法，从不同角度了解更多技巧。在图5-281中，AI生成的内容有4块明显的瑕疵，分别是牛仔裤前方多出了一块区域、上衣与裤子交接处有痕迹、屁股上

图 5-281

的口袋过大、手臂下方的衣服褶皱不协调，需要继续使用AI进行修复。

27 按L键切换到套索工具，圈选画面右侧牛仔裤多出的区域，在上下文任务栏中单击"创成式填充"按钮，再单击"生成"按钮，如图5-282所示，进行移除。

图 5-282

28 AI将根据选区形状和周围画面重新生成内容，完成移除操作，如图5-283所示。

图 5-283

技巧提示

    选区创建在大腿外面，尽量保持大腿区域的内容和形状不做改变。读者可以通过创建不同形状的选区来体会选区对于AI生成内容的影响。

29 使用套索工具圈选上衣和牛仔裤交接区域，在上下文任务栏中单击"创成式填充"按钮，再单击"生成"按钮，如图5-284所示，让AI重新生成内容，融合上衣和牛仔裤。

图 5-284

30 反复单击"生成"按钮，从多次生成内容中挑选满意的图片，如图5-285所示。

图 5-285

31 使用套索工具圈选屁股上的口袋区域，如图5-286所示，重新生成内容，让口袋更为合理。

32 在生成的内容里挑选满意的，如图5-287所示。

33 使用套索工具圈选上衣有褶皱且不协调的区域，如图5-288所示。在上下文任务栏中单击"创成式填充"按钮，再单击"生成"按钮，重新生成内容。

图 5-286

图 5-287

图 5-288

利用AI添加拉链

34 使用套索工具圈选右侧手臂下方的上衣区域，按照拉链的形状创建选区。在上下文任务栏中单击"创成式填充"按钮，输入提示词"zipper"，如图5-289所示，单击"生成"按钮，利用AI生成拉链。

图 5-289

35 在生成的多个内容里挑选最贴合实际的，如图5-290所示。

图 5-290

36 在生成式图层上右击，从弹出的快捷菜单中选择"栅格化图层"命令，将生成式图层栅格化。更改图层名字为"zipper"，便于管理，同时也记住使用的提示词。拖曳图层蒙版到"图层"面板底部的"删除图层"按钮上，删除蒙版。Photoshop提示删除蒙版前是否要应用蒙版，此处单击"应用"按钮，将蒙版应用到图层上，如图5-291所示。

图 5-291

37 应用蒙版后，在"图层"面板底部单击"添加图层蒙版"按钮，创建新蒙版，如图5-292所示。

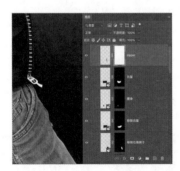

图 5-292

38 保持选中图层蒙版，按G键切换到渐变工具，在上方工具属性栏上设定"线性渐变"，将渐变设置为从黑到白，在画面上拖曳出从黑到白的线性渐变，如图5-293所示。

39 保持选中渐变工具，画面上会显示渐变控制条，两个顶点和中间的过渡点都可以实时调整，画面内容也会实时改变。调整中间的过渡点，让拉链不是那么明显，融入衣服中，如图5-294所示。

新生成的拉链使得衣服边缘有瑕疵，如图5-295所示。

图 5-293

图 5-294　　　　　　　图 5-295

40 放大视图到手肘和衣服处的三角区域，如图5-296所示。按J键切换到移除工具，按【和】键调整画笔大小，涂抹三角区域，如图5-297所示。其他边缘区域也使用移除工具进行修正，如图5-298所示。

图 5-296

41 修复过程中，注意随时进行视图调整，查看效果是否匹配整体画面，如图5-299所示。

42 使用套索工具圈选衣服褶皱不合理的区域,在上下文任务栏中单击"创成式填充"按钮,再单击"生成"按钮。Photoshop提示生成内容违反了用户准则,将被移除,如图5-300所示。

图 5-297

图 5-298

图 5-299

图 5-300

43 按Ctrl+Z快捷键撤销操作,保持选区处于激活状态,如图5-301所示。在上下文任务栏中单击"创成式填充"按钮,输入提示词"remove",提示AI要做什么动作,移除并重绘褶皱区域。

图 5-301

44 在生成的AI内容里挑选满意的,如图5-302所示。

图 5-302

通过选区不透明度控制AI内容

借助AI功能在牛仔裤裤兜里塞进一部智能手机,手机一部分露在外面,另一部分在裤兜内。这就需要借助快速蒙版和画笔工具创建不同的不透明度选区,以影响和控制最终的AI内容。

45 按Q键进入快速蒙版模式,也可以在工具栏下部单击"快速蒙版"按钮,进入快速蒙版模式。按D键设定前景色为黑色,按Alt+Delete快捷键填充黑色到整个画面,此时画面显示为红色,代表当前所有区域都被选中,如图5-303所示。

图 5-303

46 按B键切换到画笔工具，按X键设置前景色为白色，在裤兜上方绘制。此时绘制出的形状带有锐利的边缘，如图5-304所示，这是因为上一次使用画笔工具时，设置了画笔的硬度为100%，再一次使用画笔工具时会沿用上一次的设置。

图 5-304

47 在上方工具属性栏处单击打开"画笔预设"选取器，如图5-305所示，将"硬度"设为0%；或按F5键打开"画笔设置"面板，将画笔硬度设置为0%。

图 5-305

48 使用画笔工具绘制，此时绘制出的形状带有过渡自然的边缘，如图5-306所示。

图 5-306

49 绘制出的形状要与脑海中想象的手机放置的形状近似，如图5-307所示。

50 单击前景色的图标，打开拾色器，在HSB区域，设置H为0度、S为0%、B为30%，设定30%的灰度为前景色，如图5-308所示。

51 在裤兜处绘制出另一部分手机的形状。在裤兜边缘

绘制30%的灰度，让生成的手机不会遮挡住裤兜边缘，如图5-309所示。

图 5-307

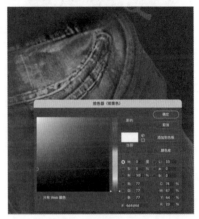

图 5-308

图 5-309

52 按Q键退出快速蒙版模式，此时绘制的区域转换为选区。按Ctrl+Shift+I快捷键反选选区，或在上下文任务栏中单击"反相选区"按钮，只选中手机区域，如图5-310所示。

53 保持选区处于激活状态，在上下文任务栏中单击"创成式填充"按钮，输入提示词"iPhone in pocket"，再单击"生成"按钮，如图5-311所示。

图 5-310

图 5-311

技巧提示

按Ctrl+D快捷键可以取消选择选区，即关闭当前选区；按Ctrl+Shift+D快捷键可再次调出最后一次创建的选区，换句话说，如果我们误操作关闭了选区，可按Ctrl+Shift+D快捷键再次调出选区。

54 使用AI生成手机可能会一并重新生成裤兜，造成不匹配的现象，如图5-312所示，此时可以再次单击"生成"按钮，继续生成新的AI内容，如图5-313所示。

55 在多个AI生成的内容中挑选与iPhone和裤兜匹配的，如图5-314所示，可以发现裤兜边缘有些区域没有对齐。

56 选择移除工具，调整画笔大小，修整裤兜边缘区域，如图5-315所示。

图 5-312

图 5-313

图 5-314

图 5-315

使用AI生成手机时基本会改变周围裤兜的形状，我们需要继续使用Photoshop进行修复，如图5-316所示。

图 5-316

57 按Ctrl+0快捷键按屏幕大小缩放画面，查看修复效果，如图5-317所示。

图 5-317

利用AI精修面部——Camera Raw 滤镜

58 按L键切换到套索工具，圈选模特面部高光区域，这些区域明显曝光过度。在上下文任务栏中单击"创成式填充"按钮，输入提示词"delight"，如图5-318所示，单击"生成"按钮，利用AI去除高光。

图 5-318

59 单击"生成"按钮，一共生成了6个内容，查看所有内容，它们都借助AI移除了高光，如图5-319所示。

图 5-319

仔细对比查看，发现模特的眉毛形状都有不同程度的改变，如图5-320所示。

图 5-320

按Ctrl++快捷键放大视图，可以看到移除高光区域后所生成的内容的画质很模糊，如图5-321所示。

图 5-321

按Ctrl+Z快捷键或删除生成式图层。使用Adobe Camera Raw 滤镜的人工智能功能来精修面部。

60 按Ctrl+Shift+Alt+E快捷键合并所有可见内容到新建图层。选中该图层并右击，在弹出的快捷菜单中选择"复制图层"命令，如图5-322所示。

图 5-322

61 在"复制图层"对话框中，设置"目标\文档"为"新建"，名称为"模特精修"，如图5-323所示。

图 5-323

62 在新建文件中，选中"图层3"图层并右击，在弹出的快捷菜单中选择"转换为智能对象"命令，再执行"滤镜\Camera Raw滤镜"菜单命令，如图5-324所示。

图 5-324

将图层转换为智能对象的好处有两个：一个是可随时更改Camera Raw滤镜的设置，通过调整参数得到不同的效果；另外一个就是可以通过更改智能对象本身的内容来改变画面。

63 在Camera Raw滤镜的对话框中，单击右上角工具栏处的"蒙版"按钮圆，将自动查找照片中的人物。这点类似"选择主体"功能，通过AI自动计算出照片中的人物，如图5-325所示。

64 稍等片刻，照片中的人物被识别出，如图5-326所示。如果照片中有多个人物，Camera Raw也会识别出多个人物。

图 5-325

图 5-326

65 Camera Raw借助AI自动识别并区分出"面部皮肤""身体皮肤""眉毛"等9个蒙版，省去了创建蒙版的大量时间，如图5-327所示。

66 勾选除"牙齿"以外的其他8个蒙版，在下方勾选

"创建8个单独蒙版"复选框，然后单击"创建"按钮，如图5-328所示。

图 5-327　　　　　　　　图 5-328

67 创建8个单独蒙版后，在面板上选中"人物1-面部皮肤"蒙版，准备单独调整模特面部皮肤，如图5-329所示。

图 5-329

68 减小高光、阴影、白色和黑色的数值，稍微增大曝光的数值，如图5-330所示，去除高光区域的曝光过度的现象，让模特面部显得更有立体感。

69 面部皮肤调完后，在面板中选择"人物1-眼睛巩膜"蒙版并单击，下一步调整眼白区域，如图5-331所示。

70 增大一点曝光值，减小高光值，微调白色和黑色的数值，如图5-332所示，让眼白区域更加干净、整洁。

71 选中"人物1-虹膜和瞳孔"蒙版，稍微增大一点曝光值，减小黑色值，如图5-333所示。

72 调整色温和色调，让眼睛呈现蓝色，如图5-334所示。
73 使用同样的方法，修改嘴唇的曝光值，并调整色调和色温，给嘴唇涂上紫色的口红，如图5-335所示。

图 5-330

图 5-333

图 5-334

图 5-331

图 5-335

74 调整完毕后，单击"确定"按钮，为智能对象添加智能滤镜，调整效果如图5-336所示。

图 5-332

图 5-336

绘制眼影

75 将"图层3"智能对象重命名为"背景",按Ctrl+Shift+N快捷键创建新图层,命名为"眼线"。单击前景色的图标,打开拾色器,选择红色,如图5-337所示。

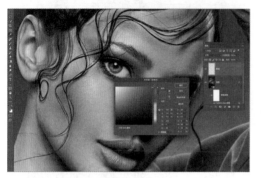

图 5-337

76 按B键切换到画笔工具,在眼眶处涂抹,如图5-338所示。

图 5-338

77 更改图层混合模式为"柔光",如图5-339所示。红色与模特面部很好地融合在一起了。

图 5-339

78 按F5键打开"画笔设置"面板,选择"Kyle拖曳混合灰色"画笔,放大画笔,并调整画笔的绘制方向,如图5-340所示。在画面左侧模特右眼附近绘制。

79 更换另外一个画笔,调整画笔的绘制方向,在画面右侧模特左眼的眼袋处绘制,如图5-341所示。

绘制效果如图5-342所示。读者也可以尝试使用不同的画笔进行组合绘制。

图 5-340

图 5-341

图 5-342

80 绘制完成后,在"图层"面板下部单击"创建新的填充或调整图层"按钮,从弹出的下拉菜单中选择"色相/饱和度"命令,如图5-343所示。

81 按住Alt键的同时,在"色相/饱和度1"图层和"眼线"图层之间单击,创建剪切蒙版,如图5-344所示。

图 5-343

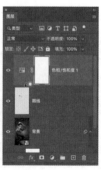

图 5-344

82 在"色相/饱和度 1"图层的"属性"面板上，调整红色通道的色相、饱和度参数，如图 5-345 所示。

图 5-345

将眼影色调调至紫色，与嘴唇色调相近，如图 5-346 所示。

图 5-346

83 调整完成后的效果如图 5-347 所示。读者可根据实际需要和个人判断，制作不同的色调和风格。保存文件，并命名为"5-6-面部精修.psd"。

图 5-347

快速调整

前面提到了使用智能对象的好处就是可以随时更改智能滤镜和智能对象的内容来快速调整效果。

84 打开"第 5 章\5-6-模特扩展精修\5-6-深蓝牛仔裤.psd"文件。按 Ctrl+Shift+Alt+E 快捷键合并所有可见内容到新的图层，选中该图层并右击，在弹出的快捷菜单中选择"复制图层"命令，如图 5-348 所示。

图 5-348

85 在弹出的"复制图层"对话框中，设置"目标\文档"为"图层 3.psb"，如图 5-349 所示。

图 5-349

86 将新的内容复制进智能对象"图层 3"中后，按 Ctrl+S 快捷键保存并更新智能对象，如图 5-350 所示。

图 5-350

87 智能对象更新完毕后，返回"5-6-面部精修.psd"文件，可以看到画面内容已经更新，如图5-351所示。

图5-351

读者可以随时调整"色相/饱和度1"图层来改变画面色调，如图5-352所示。

图5-352

最后对比一下原素材和扩展后两种不同风格的画面效果，如图5-353所示。

图5-353

案例小结

该案例配合AI功能、移除工具和其他修复工具，可以在原图片的基础上快速扩展出新内容。在借助AI使用扩展功能时，要注意以下几点。

（1）画面质量问题。在Adobe公司解决这个问题之前，我们可以借助AI小范围重新绘制或使用仿制图章工具来克隆出高精度的内容。

（2）扩展功能是神奇的，但不是万能的，我们要高度重视并反复检查新生成的内容是否产生新的瑕疵。

（3）时常需要综合使用Photoshop的其他工具进行深入、精细的修复。

本章将梳理 Photoshop 当前的 AI 功能，总结其中的利弊，以便于读者从长远角度去看待 AI 功能，尽快将 AI 功能用在自己的工作流程中，让其发挥作用。

本章有些内容会与前面章节的内容有所重复，目的在于"复习"巩固。

6-1 创成式填充和移除工具的区别

通过比较这两个最新功能，复习一下关于 AI 功能的基础知识点。

（1）创成式填充需要网络支持；而移除工具则不需要，在本地操作完成。

（2）创成式填充和移除工具▨发布在 Photoshop 2024 和 Photoshop（Beta）中，可在 Creative Cloud 选项内下载，如图 6-1 所示。

图 6-1

（3）创成式填充具有 3 个功能：文本生成图像、移除和扩展。不论使用哪个功能都需要先创建选区，才能激活并使用创成式填充。先创建选区，才会在上下文任务栏中显示"创成式填充"按钮，输入提示词并单击"生成"按钮后，将根据当前选区并匹配提示词来生成内容，如图 6-2 和图 6-3 所示。

图 6-2

图 6-3

（4）移除工具▨更适合小范围的移除和修补，如图 6-4 所示。

图 6-4

（5）移除工具▨具有拉直、校正各种砖缝和栏杆的神奇能力，如图 6-5 所示。

图 6-5

（6）建议取消勾选移除工具▨的工具属性栏中的"每次笔触后移除"复选框，如图 6-6 所示。取消勾选后，在涂抹过程中可以随时停下来调整画笔大小，也可以按住 Shift 键的同时，在两个不同位置上单击以绘制直线笔触。

图 6-6

（7）使用移除工具 尽量一次性地完成工作。因为，在同一个区域反复使用移除工具会降低该区域的画面质量。

（8）创成式填充更适合较大范围的移除，例如移除照片中的多余内容，非常高效、实用。要注意，创建选区时将人物的投影一并选中。图6-7~图6-12所示为借助AI和移除工具移除画面中的汽车并修复婚纱和人物细节的过程。

图 6-7

图 6-8

图 6-9

创建选区，选中背景中的汽车。在上下文任务栏中单击"创成式填充"按钮，不输入任何提示词，单击"生成"按钮。

AI完美地移除了画面中的汽车，但是改变了婚纱形状。

使用套索工具圈选要改变的婚纱区域，在上下文任务栏中单击"创成式填充"按钮，不输入任何提示词，单击"生成"按钮。

图 6-10

图 6-11

图 6-12

借助AI生成新的婚纱，从中挑选满意的内容。AI完美移除了大面积的区域——汽车，并生成了新的婚纱，整个过程非常快速且效果很不错。

使用移除工具移除小范围的瑕疵。涂抹新娘手臂上的黑点和画面右侧的提示牌。

使用AI+移除工具快速完成修复工作。

（9）使用创成式填充时，系统常常会提示违反了用户准则，生成的内容被移除，如图6-13所示。此时调整选区，输入提示词"remove"或"移除"，再次单击"生成"按钮，就可以完成生成内容的操作。

图 6-13

（10）由创成式填充生成的内容"可遇不可求"，完全一样的选区、提示词、画面内容，每次生成得到的内容都可能不同。因此遇到不太满意但有部分区域还可用的生成内容时，不要轻易"放过"，按Ctrl+J快捷键复制图层，并重新命名以便于管理，如图6-14所示。多个生成的内容可通过图层蒙版和画笔工具轻松地实现效果组合。

图6-14

6-2 影响 AI 生成内容的因素

在Photoshop（Beta）内，有什么手段可以控制我们想要得到的AI内容呢？下面我们就一起来复习这些影响AI的因素。

（1）选区形状的影响。

第1章介绍Firefly时就讲到如何用选区控制生成坐着的狗和趴着的狗，在Photoshop内也是如此，按照脑海中构思的最终画面去创建选区。创建的选区要比实际生成内容的区域略大一些，然后使用创成式填充生成内容。图6-15~图6-18所示为先在Firefly中涂抹出坐着或趴着的狗的内容区域，然后在Firefly中生成图像。

图6-15

图6-16

图6-17

图6-18

（2）投影区域的影响。

如果需要移除的人或物在画面中有投影，创建选区时未包括投影，AI会在移除时"自作聪明"地为投影添加主体。因此创建选区时一定记得把投影包括在内。

在Photoshop中使用套索工具圈选人物右侧的背包，但是并未选中其在人物大腿处的投影，如图6-19所示。使用创成式填充进行移除，生成的3个内容中总是会产生新的背包，如图6-20所示。

使用套索工具选中所有投影和背包，如图6-21所示，使用创成式填充进行移除，生成的内容完美地移除了背包并修补了投影区域，如图6-22所示。

图6-19

图6-23

图6-20

图6-24

图6-21

按Q键进入快速蒙版模式，使用画笔工具搭配不同灰度，根据需要绘制不同透明度的选区。

根据选区形状、不透明度和提示词生成放在裤兜里的智能手机。

（4）色调的影响。

原画面内容的色调也会影响AI生成的内容。如5-5节中使用"匹配颜色"命令让鹰和羊的色调保持一致，如图6-25所示；然后使用创成式填充借助AI进行融合，如图6-26所示，这样就能让融合后的过渡效果更加自然。

图6-22

图6-25

（3）选区不透明度的影响。

AI生成的内容如果要与背景完美地融合，就需要借助选区的不透明度。按Q键进入快速蒙版模式，借助画笔工具和不同灰度自由地绘制不同透明度的选区。也可以在通道内创建不同透明度的选区，如图6-23和图6-24所示。

（5）图层次序的影响。

图层次序的影响常常会被忽略。建议选中最上方的图层使用创成式填充，确保让AI生成的内容在顶部。不要在调整图层或其他AI生成式图层下面使用创成式填充，如图6-27、图6-28所示。

图6-26

图6-27

图6-28

调整图层下，在鼻梁处使用创成式填充生成的内容明显未能与画面内容融合。

在调整图层之上使用创成式填充，生成内容与画面内容完美融合。

（6）画质的影响。

当前Beta版本借助AI生成的画质有所限制，超过1024像素×1024像素的范围会出现模糊的画面。前面我们通过使用AI重新生成新的内容来改善画质，但在大范围拓展的画面里，尤其画面本身尺寸较大的情况下，很难通过此方法来改善画质。我们可以借助一些开源的AI平台对扩展后的画面进行锐化，改善画面质量，再使用

Photoshop的其他工具来修复瑕疵，如图6-29所示，可参考6-1节中的方法。

图6-29

大尺寸的画面使用AI进行拓展后，新生成的内容会比较模糊，我们可以使用开源的AI平台对画面进行锐化处理，改善画质。

（7）AI生成的内容会改变原图内容。

不论是通过提示词实现文本生成图像，还是不输入任何提示词对画面进行移除或扩展操作，都会根据原画面重新生成内容，因此多少都会改变原画面的内容。读者一定要注意，对于生成的内容，要放大视图进行仔细查看，如图6-30、图6-31所示。使用AI后的屋檐上的"脊兽"外形已改变。

图6-30

图6-31

6-3 使用AI生成内容的注意事项

（1）网络速度。

创成式填充需要连接网络，有时可能会出现网络不佳的情况，再加上AI生成内容的不确定性，因此常会处于等待生成内容和重新生成内容的状态，让制作时间不知不觉地变长。笔者建议，在使用AI功能时要有清醒的认知，使用传统方法稳定，结果准确，如果可以使用传统方法，建议最好使用传统方法。

（2）文件大小。

制作前，根据最终用途规划好文件大小。过大的原文件不仅会拖慢处理速度，还会让AI生成更多的"杂质"。按Ctrl+Alt+I快捷键打开"图像大小"对话框，在满足制作要求的前提下，减小图像尺寸，如图6-32所示。

图6-32

（3）提示词。

Adobe官方建议尽量使用简洁的名词、形容词作为提示词来概述。我们借助翻译软件就可以轻松地输入提示词。

笔者认为，Photoshop内的创成式填充是以工具形式提供给使用者的。AI根据选区、提示词和当前画面内容，已经大致推测出我们的意图，在深度学习和模型训练的基础上，直接给出结果。它并不是提供一个全开放式的平台，因此不需要输入更多的提示词，这样的AI功能更加适合搭配Photoshop来使用。

（4）移除工具的造型能力。

移除工具可轻松修正各种接缝、边缘区域。在本书中，移除工具可以说是无处不在，屡屡"担当重任"，挽救了一张张"烂片"。可以毫不夸张地说，也许现阶段你可以不用创成式填充，但移除工具绝对要用到。顺带一提，移除工具是带有AI功能的本地工具，处理速度有一定的保障，如图6-33和图6-34所示。

图6-33

图6-34

6-4 AI嵌入Photoshop的高效使用方法

任何一个工具都不是万能的，AI也不例外，我们要学会将AI融入Photoshop中，两者结合使用。下面是本书所涉及的一些工具和命令的使用组合，旨在让读者尤其是初学者可以花最少的时间掌握实用技巧。

（1）创成式填充+移除工具+仿制图章工具。

创成式填充可以通过提示词生成图像、去除大范围的瑕疵，以及扩展图片内容；移除工具🖌️则配合清理原素材和AI生成内容里的小范围瑕疵；仿制图章工具🅰️可以快速克隆近似的材质和色调，有效地补充使用创成式填充和移除工具🖌️所丢失的画质。仿制图章工具的使用方法类似画笔工具，如图6-35所示。

图6-35

①使用创成式填充移除和修复大面积的瑕疵，包括腿部不合理的褶皱和外形，重新生成腰带、手机、裤兜磨损的线条。②使用移除工具整理腰带上的线条、腿部的褶皱走势。③使用仿制图章工具克隆精修腰带扣，还有裤兜上的磨损区域。

（2）画笔工具+图层蒙版。

画笔工具主要有3个操作需要讲解：按【和】键调整画笔大小，按数字键调整不透明度，调节边缘硬度。使用画笔工具在图层蒙版内绘制可以自由地控制当前图层要显示的区域。换个角度来看，在蒙版内绘制是在创建选区，类似按Q键在快速蒙版模式下，使用画笔工具绘制来创建选区，如图6-36所示。

①使用画笔工具+图层蒙版来绘制选区，控制图层

显示的区域。②在"画笔设置"面板中设定画笔的各个参数，创建个性化画笔，绘制特殊效果。

图 6-36

（3）选择主体/对象选择工具+快速选择工具+套索工具。

这一整套的快速选择功能其实是 Photoshop 更早布局的"AI功能"。几年前，创建选区还是一个艰巨的工作，现在却可以很快就创建好复杂的选区。尤其在有了AI功能、移除工具后，再加上图层蒙版，在绝大多数情况下不必创建绝对精准的选区，这大大地提升了制作速度，如图 6-37 所示。

图 6-37

对象选择工具可以通过单击来创建复杂的人物选区。

（4）智能对象和合并所有可见图层。

智能对象有诸多优点，最大的优点就是可以在智能对象的基础上执行变形、添加滤镜等操作，这些操作是可逆的，可随时反复编辑。

按 Ctrl+Shift+Alt+E 快捷键合并所有可见图层到新图层，类似给当前效果拍张照片，然后放到新建的图层中，如图 6-38 所示。

图 6-38

（5）Ctrl、Alt、Shift键。

制作过程中经常使用 Ctrl、Alt、Shift 这3个功能键。Ctrl键带有"切换"的功能，如在使用某个工具时，按住 Ctrl 键就会切换到移动工具，在"图层"面板中按住 Ctrl 键可以选中多个图层。Shift键带有"约束"的功能，使用移除工具或画笔工具时，按住 Shift 键的同时分别单击两个点，可在两点间绘制出直线；在"图层"面板中，按住 Shift 键的同时分别单击两个图层，可以将两个图层间的所有图层都选中。Alt键带有"复制"的功能，使用仿制图章工具时，按住 Alt 键可进行取样；选择画笔工具时，按住 Alt 键可吸取画面颜色作为前景色。举个例子来加深印象。

Ctrl+E 合并图层：合并选中的图层，或合并当前选中的图层和其下方图层。

Ctrl+Shift+E 合并可见图层：将当前所有显示的图层合并到选中的图层中，所有可见图层都不被保留。

Ctrl+Shift+Alt+E 合并所有可见图层到新建图层中：将当前所有可见图层都合并到新建图层中，创建了新图层并保留之前的所有可见图层。

类似的操作，更具代表性的是"自由变换"命令 Ctrl+T/Ctrl+Shift+T/Ctrl+Shift+Alt+T，建议读者自行研究。简单的操作往往可以做出很惊艳的效果。

（6）视图缩放和平移。

对初学者来说，调整视图是最容易被忽略的操作。读者要牢记常调整视图，这样不仅可以看得更清晰，还可以让操作更加准确。"视图"菜单下的各个命令用于调整视图，读者可参考并使用命令的快捷键以提高效率。

按 Z 键切换到缩放工具。

按 Ctrl++ 或 Ctrl+- 快捷键放大或缩小视图。

按 Ctrl+空格键向右拖曳鼠标放大视图，向左拖曳鼠标缩小视图。